Personalberater erfolgreich auswählen und führen

Rolf Dahlems

Personalberater erfolgreich auswählen und führen

Was Personalverantwortliche und Manager über Executive Search wissen müssen

 Springer Gabler

Rolf Dahlems
Signium International
Düsseldorf
Deutschland

ISBN 978-3-658-03417-7   ISBN 978-3-658-03418-4 (eBook)
DOI 10.1007/978-3-658-03418-4

Die Deutsche Nationalbibliothek verzeichnet diese Publikation in der Deutschen Nationalbibliografie;
detaillierte bibliografische Daten sind im Internet über http://dnb.d-nb.de abrufbar.

Springer Gabler
© Springer Fachmedien Wiesbaden 2014

Springer Gabler ist eine Marke von Springer DE. Springer DE ist Teil der Fachverlagsgruppe Springer
Science+Business Media
www.springer-gabler.de

Vorwort

In diesem Buch geht es um Executive Search, auch Direkt-Ansprache von Führungskräften genannt. Diese Kernaufgabe der Personalberatung hat inzwischen eine enorme Verbreitung erfahren. In den letzten Jahren sind etliche Publikationen erschienen, die sich mit diesem Themenkreis beschäftigen.

Hier wird zum ersten Mal der Versuch gemacht, einen Ratgeber zu entwickeln, der Personalchefs und anderen Führungskräften, die Personalberater beauftragen, Tipps und Hinweise zur Auswahl und Führung dieser Dienstleister gibt.

Das Buch ist aus der Praxis für die Praxis geschrieben. Es ist die Essenz von mehr als 28 Jahren Berufserfahrung in der Branche, davon über 26 Jahre als verantwortlicher Partner in führenden internationalen Executive Search-Unternehmen.

Den richtigen Personalberater auszuwählen und als seinen Botschafter in den Markt der Führungskräfte zu entsenden, ist für die Qualität der Besetzung von Vakanzen von außen von enormer Bedeutung. Hierbei sowie bei der pragmatischen Führung von Personalberatern soll dieses Buch unterstützen.

An diesem Buch haben meine Kollegen, Ann Frances Kelly und Bernhard Bachtrögler durch kritische Diskussionen und praktische Hinweise entscheidend mitgewirkt. Ihnen gilt mein herzlicher Dank.

Düsseldorf, November 2013   Dr. Rolf Dahlems

Inhaltsverzeichnis

Das Problem: Woher kommen die Kandidaten?

Für Gregor Mannstedt[1], den Personaldirektor eines Herstellers von Spezial-Baustoffen im Ruhrgebiet, war es ein unangenehmer Termin bei seinem Chef, dem Vorsitzenden der Geschäftsführung der Cement + Mörtel GmbH mit 2.500 Mitarbeitern.

Schon seit mehr als 3 Monaten wusste Mannstedt von der Kündigung von Hans-Peter Fuhrmann, dem Produktionschef für die 3 Werke in Deutschland, Polen und Tschechien. Zwar hatte dieser eine Kündigungsfrist von 9 Monaten, stand also, wenngleich bei bestem Willen mit eingeschränktem Engagement, bis zum Jahresende zur Verfügung. Bereits Ende März hatte Mannstedt einiges in die Wege geleitet, um die Position, für die intern kein Mitarbeiter die notwendige Reife mitbrachte, von außen zu besetzen.

Er hatte zunächst den klassischen Weg gewählt und eine Annonce in der FAZ und in der am weitesten verbreiteten Fachzeitschrift der Branche geschaltet. Es kamen auch einige Zuschriften: zwei der Bewerber hatte Mannstedt interviewt, leider waren sie jedoch beide nicht geeignet gewesen. Noch einmal eine Anzeige zu schalten und auf das Glück eines Treffers zu hoffen, ergab wenig Sinn.

Mannstedt schaute im nächsten Schritt in Internet-Portalen und sozialen Netzwerken wie Stepstone, Monster, XING, Linkedin etc., ob dort nicht jemand Interessantes zu finden wäre. Viele der von ihm Angeschriebenen hatten nicht einmal geantwortet, und der eine von ihm interviewte Kandidat erschien ihm dann aber doch zu schwach.

Jetzt brauchte Mannstedt Unterstützung durch Personalberater, die eine systematische Suche nach passenden Kandidaten einleiten sollten. Doch wen sollte er hier einsetzen? Cement + Mörtel hatte natürlich schon Erfahrung mit Personalberatern gemacht, wie jedes Unternehmen dieser Größenordnung. Noch kürzlich hatte er zwei Product Manager über die kleine Agentur in Bochum besetzt, die dem ehemaligen Vertriebsleiter des Wettbewerbers Kalk & Co. gehörte. Dieser hatte gute Kontakte in der Branche und eine umfangreiche Kartei.

---

[1] Dieser Name und alle Namen sowie Firmenbezeichnungen in diesem Buch sind frei erfunden

R. Dahlems, *Personalberater erfolgreich auswählen und führen*,
DOI 10.1007/978-3-658-03418-4_1, © Springer Fachmedien Wiesbaden 2014

Mannstedt wollte die Besetzung des Produktionschefs aber nicht auf Kandidaten aus der Branche beschränken und zudem schien ihm die Position für die Erfahrung des Beraters aus Bochum zu hoch aufgehängt. Immerhin ging es um die Führung von 1.700 Mitarbeitern und ein Jahreseinkommen von über € 200.000.

Er entschied sich, die Personalberater-Branche noch einmal etwas genauer anzusehen, in der Hoffnung, nach seiner Analyse den richtigen Berater herauszufiltern. Mit diesem Plan ging er zu seinem Chef, der damit einverstanden war, aber zu großer Eile drängte.

Wie konnte Mannstedt jetzt die richtige Wahl treffen?

Dazu war zunächst einmal die Frage zu klären, was Personalberatung überhaupt ist und in welchen Ausprägungen sie existiert.

Personalberatung – ein weites Feld

2

Im Kopf des Anfängers sind viele Möglichkeiten,
im Kopf des Fachmanns wenige.
Unbekannt

Umfang des Dienstleistungsangebotes

Gregor Mannstedt benötigt zur Lösung seines Problems jemanden, der ihm geeignete unternehmensexterne Personen, die sich für die zu besetzende Position ernsthaft interessieren, vorstellt. Selbstverständlich müssen diese Personen die notwendige Ausbildung und eine entsprechende relevante Berufserfahrung haben sowie über eine für die zu besetzende Position und die Kultur der Cement + Mörtel GmbH passende Persönlichkeit verfügen.

Da seine eigene Suche per Anzeigen nichts eingebracht hatte, glaubte er auch nicht daran, dass eine Anzeigenschaltung unter dem Label eines Personalberaters erfolgreicher sein würde, da die Marke „Cement + Mörtel" bisher immer Bewerber angezogen hatte. So war es für ihn nun sinnvoll, nach einem Personalberater Ausschau zu halten, der durch Direktansprache solche Kandidaten finden konnte.

In Deutschland sind in der Personalberatung nach Studien des Bundesverbandes der Unternehmensberater (BDU) ca. 6.000 bis 8.000 Personalberater aktiv. Es ist die Rede von ca. 2.000 Unternehmen und vielen Einzelkämpfern, die Dienstleistungen im Bereich Personalberatung anbieten. Dabei geht das Angebot mancher Personalberatungen weit über die Suche und Auswahl von Führungskräften (und manchmal auch spezielle Fachkräfte) hinaus. Es werden beispielsweise weitere Dienstleistungen wie Outplacement, Personalentwicklung, Management Audits, Vergütungsberatung, Entgeltsysteme, Coaching oder Karriereberatung angeboten.

R. Dahlems, *Personalberater erfolgreich auswählen und führen,*
DOI 10.1007/978-3-658-03418-4_2, © Springer Fachmedien Wiesbaden 2014

Alles dieses benötigte Mannstedt aber nicht. Er war auf der Suche nach einer Personal-beratung, die auf die Direktansprache spezialisiert war. Wenn einige der oben genannten Dienstleistungen von diesem Personalberatungen ebenfalls angeboten wurden, störte ihn das nicht, aber die Direktsuche sollte den Schwerpunkt des Angebots bilden.

Mannstedt konnte sehr schnell das Angebot des Marktes klassifizieren, wobei er die Einzelkämpfer aufgrund seiner Erfahrung mit dem Berater aus Bochum, von vorne herein außen vorließ.

Verschiedene Arten von Personalberatungen

Boutique

Von einer „Boutique" spricht man, wenn sich einige Partner zu einer „losen" Gemeinschaft unter einem einheitlichen Label, einer einheitlichen Marke zusammenfinden. Hierbei kann es sich um eine Art Franchise-System handeln, aber auch um einen gleichberechtigten Zusammenschluss von Partnern.

Charakteristisch für die Boutique ist die unternehmerische Haltung der Partner, die wirtschaftlich weitgehend voneinander unabhängig operieren. In manchen Boutiquen fin-den sich allerdings Alt-Partner oder Gründungspartner, die eine Art Unterlizenz vergeben, so dass keine Gleichheit unter den Partnern herrscht.

Die Einheitlichkeit der Arbeitsprozesse in Boutiquen kann hoch oder gering sein. Es stellt sich allerdings die Frage, ob die Einheitlichkeit der Prozesse ein Qualitätsmerkmal ist. Auf diese Fragestellung wird später noch eingegangen.

Ebenso sind die Honorar-Modelle unterschiedlich. Es ist sinnvoll, mit zwei oder drei geeignet erscheinenden Partnern aus unterschiedlichen Boutiquen zu sprechen. Dann hat man schnell ein Bild.

Gerade in Boutiquen geht man gelegentlich mit Titeln auf Visitenkarten recht locker und oft ohne Zusammenhang mit der Erfahrung der Person um. Jeder junge Berater ist da mitunter bereits Partner.

Search Factories

Im Gegensatz dazu sind die „Search Factories" mehrstufige, hierarchisch organisier-te, größere Gesellschaften. Die Hierarchie kann dabei beispielsweise folgende Stufen umfassen:

- Associate
- Principal
- Partner
- Managing Partner

Einige Gesellschaften führen aus Statusgründen auch Titel wie Direktor, Vice President (VP), Chairman, CEO, Mitglied der Geschäftsleitung oder ähnliches auf ihren Visitenkarten. Davon sollte man sich nicht täuschen lassen, denn nicht immer steckt dahinter die adäquate Seniorität, sondern vor allem Marketing.

Bei den großen internationalen Netzwerken (auch wenn sie Boutiquen sind) werden die Titel vor allem nach der Akquisitionsleistung vergeben. Hier wird in der Regel niemand Partner, der es nicht auf mindestens € 500.000 selbst akquirierten Honorar-Umsatz bringt. In Deutschland dürfte diese Spitzenleistung von kaum mehr als 100 Personalberatern erbracht werden.

Die Arbeitsprozesse der „Search Factories" sind weltweit weitgehend einheitlich, was von diesen als für den Klienten besonders vorteilhaft dargestellt wird. Aufgrund von Kultur und Verhaltensgewohnheiten in den unterschiedlichen Teilen der Welt kann dies jedoch auch zu Spannungen zwischen Klient und Berater führen. Am Ende kommt es auch hier auf die Persönlichkeit und die Erfahrung des Beraters an.

Lokal-Matadore

In Deutschland gibt es weiterhin etablierte „Lokal-Matadore", die teilweise ohne internationale Verbindungen operieren. Insbesondere für die kleinere, mittelständische Industrie sind sie ein beliebter Partner, weil sie durch ihre lokale Präsenz die richtige Sprache sprechen, schnell vor Ort sind, flexible Honorarmodelle bieten, langjährige Beziehungen pflegen, häufig sehr engagiert sind und die sogenannte „Extra-Meile" gehen sowie oftmals auch lokal suchen.

Einzelkämpfer

Bei den Einzelkämpfern gibt es durchaus unterschiedliche Ausprägungen. Da ist der ehemalige Linienmanager, der mit Ende 50 seine Position verloren hat und nun aufgrund seiner guten Branchenkenntnisse in das Personalberatungsgeschäft eintritt. Er ist außerhalb der Branche relativ chancenlos.

Eine zweite Kategorie bilden die ehemaligen Partner der großen Netzwerke der Boutiquen, die nach langen Jahren genug haben von Vorgaben und Richtlinien und sich selbständig machen. Viele ihrer Kunden folgen ihnen, da sie eine enge, persönliche Kundenbeziehung aufgebaut haben. Meist sind solche „Spin-offs" erfolgreich. Einige schließen sich auch zu losen Gruppierungen zusammen.

Die dritte abgrenzbare Kategorie sind solche Einzelkämpfer, die nicht als Personalberater im engeren Sinne („systematisches Research nach den besten verfügbaren Kandidaten") sondern als Vermittler arbeiten. Auf hohem Manager-Niveau tätig, liefern sie Kandidaten, die sie im Laufe der Jahre über „Vorrats-Interviews" kennengelernt haben. Die Vorgehensweise ist mit dem Geschäftsmodell der Vermittler von Interim-Managern vergleichbar.

Regional – International

Internationale Personalberatungsfirmen haben ein Netzwerk, das aus echten Schwesterge-sellschaften oder aus einer mehr oder weniger losen Assoziierung bestehen kann.

Charakteristisch ist der Austausch von Geschäft zwischen den internationalen Büros. Wenn eine Niederlassung einen lokalen Klienten betreut, der ebenfalls international ope-riert, kann die Niederlassung „Geschäft exportieren". Meist bestimmt das Management oder der HR-Chef des Headquarters des Klienten nämlich, wer für die Besetzung einer ausländischen Top-Position als Personalberater engagiert wird. Dabei bevorzugt man oft Gesellschaften, mit denen man schon im Inland gute Erfahrungen gemacht hat.

Für einen rein deutschen Auftraggeber, der eine Position im Inland besetzen will, ist die Internationalität der Personalberatung von untergeordneter Bedeutung, es sei denn, er möchte auch internationale Kandidaten einbeziehen, die aktuell im Ausland arbeiten.

Die sogenannten „Fleisch-Händler"

Etliche sogenannte Personalberater versuchen auch, Kandidaten-Profile direkt an den Mann zu bringen und versenden vielfach kopierte Lebensläufe an zahlreiche Firmen. Dies geschieht unseriöserweise auch ohne Kenntnis und Einverständnis der betroffenen Kandidaten.

Auch Gregor Mannstedt hatte solche Lebensläufe gelegentlich erhalten, damit aber nichts anfangen können, da gerade die passende Position nicht zu besetzen war. Zudem wollte er auf jeden Fall bei der Besetzung einer Management-Position von außen eine Aus-wahl aus mehreren, in etwa gleichwertigen Kandidaten haben, was durch die Zusendung jeweils einzelner Lebensläufe nicht gewährleistet wird.

Oftmals sind „Fleisch-Händler" eher zufällig und notgedrungen in dieses Geschäft gekommen. Schlechte Organisation, Unstetigkeit, territoriale Begrenztheit und wirtschaft-liche Schwierigkeiten sind Charakteristika solcher Angebote.

Allenfalls auf sehr hohem Management-Niveau (AG-Vorstände, Geschäftsführer) er-zielen die „Fleisch-Händler" Erfolge, indem diese sehr gezielt auf vorhandene und sich ab-zeichnende (Gerüchte, Presse) Vakanzen ohne den Auftrag des jeweiligen Unternehmens Manager ansprechen und beide Seiten dann zu Gesprächen animieren. Die Unternehmen werden auf solche Gespräche nur eingehen, wenn der Personalberater ein positives Image hat und in der Vergangenheit vertrauenswürdig war.

Im Laufe der Jahre als Personalchef hatte Mannstedt schon eine Reihe unterschiedlicher Personalberater kennengelernt, denn die Branche akquiriert intensiv.

Wie Personalberater akquirieren

3

Kaltakquise

Personalberater sind eifrige Briefeschreiber, E-Mail-Versender oder versuchen mit schönen Broschüren einen Kontakt herzustellen. Manchmal wird auch direkt angerufen, meistens aber erfolgt der telefonische Kontakt erst nach dem Schreiben.

Da Mails leichter weggeklickt werden als dass eine Broschüre in den Papierkorb wandert, hat es sich bei den Personalberatern herumgesprochen, dass eine Papierform „nachhaltiger" ist. Nun bekommen Personalchefs, Geschäftsführer und Vorstände eine Menge solcher Post. Jedes Unternehmen hat aber schon mit Personalberatern gearbeitet – mal sind die Erfahrungen gut, mal weniger. In der Regel gibt es jedoch erprobte Verbindungen zu anderen Personalberatern, die mit den zugeschickten Unterlagen und Gesprächen am Telefon „geknackt" werden müssen.

Dies wird nur in Ausnahmefällen gelingen, nämlich dann, wenn ganz aktuell eine Störung des Verhältnisses zum laufenden Partner für Personalberatung besteht (Schlechtleistung) oder das Angebot des Schreibenden derartig interessant ist, dass man eine bewährte Zusammenarbeit in Frage stellt. Im zweiten Fall ist vielleicht eine besondere Branchen- oder Funktionskompetenz erkennbar. Dies in einer Kontaktbroschüre und am Telefon zu beweisen, fällt allerdings wegen des Dienstleistungscharakters der angebotenen Leistung, deren Qualität erst bei der Durchführung erkennbar ist, schwer.

Größere Beratungsgesellschaften argumentieren bei der Kaltakquisition damit, eine so bedeutende Personalberatungsgesellschaft müsse man doch kennenlernen, sonst würde man einen entscheidenden Anbieter gar nicht kennen. Was dies dem potentiellen Auftraggeber Neues bringt, bleibt unklar.

Eine beliebte Art der Kaltakquisition besteht in der Verfolgung von Personalanzeigen eines potentiellen Auftraggebers in den Medien. Etwa 2–3 Wochen nach Erscheinen der Anzeige ruft der Personalberater an, stellt sich als besonders erfahren in der Besetzung genau der ausgeschriebenen Position vor und fragt nach dem Erfolg der Anzeige.

R. Dahlems, *Personalberater erfolgreich auswählen und führen*,
DOI 10.1007/978-3-658-03418-4_3, © Springer Fachmedien Wiesbaden 2014

Hat der Angerufene keine interessanten Kandidaten vorliegen, gelingt es dem Personalberater manchmal zu einem Gespräch eingeladen zu werden. Dann muss er allerdings konkret seine Fähigkeiten nachvollziehbar darlegen.

Zwecks Kaltakquisition schicken Personalberater auch schon einmal einen interessanten Lebenslauf eines Kandidaten zu. Anschließend versuchen sie über einen Anruf mit diesem Aufhänger zu einem Termin zu kommen und möglicherweise auch zu einem Auftrag.

Über Lebensläufe verfügen die bedeutenderen Personalberatungsgesellschaften in großer Zahl. Manche bekannten Personalberatungsgesellschaften erhalten ohne Aufforderung 200–300 Lebensläufe von wechselwilligen, zumeist sehr gut qualifizierten Kandidaten in der Woche. Obwohl Vertraulichkeit Geschäftsgrundlage ist, werden auch von bekannten Personalberatungsgesellschaften, die sich absolut nicht als „Fleisch-Händler" sehen, Lebensläufe als Köder verschickt, ohne dass der Kandidat davon weiß. Dies ist nicht akzeptabel und Personalberater, die so handeln, sind keine seriösen Geschäftspartner. Allerdings ist es schwierig, herauszufinden, ob der Kandidat vom Versand seiner Unterlagen etwas wusste.

Kaltakquisition wird mehrheitlich von jungen, aufstrebenden Beratern durchgeführt, die noch nicht über ein ausreichendes Netzwerk verfügen, über das sie Projekte akquirieren können.

Persönliche Kontakte

Im Personalberatungsgeschäft sind persönliche Kontakte der Königsweg, um an Projekte zu kommen. Solche Kontakte entstehen auf vielfältigem Wege. Viele Personalberater haben eine Karriere in einer bestimmten Branche hinter sich, bevor sie in die Beratung wechseln. Entsprechend ist eine Branchenkompetenz entstanden. Man hat in der Branche in der Vergangenheit vielfältige Gesprächspartner gehabt, die man in seiner neuen Rolle als Personalberater nun ansprechen kann. So hatte Mannstedt den Personalberater aus Bochum kennengelernt. Allerdings kennen die Branchen-Insider den Personalberater bisher nur als „Branchenkollegen" und nicht als Personalberater.

Da für die erfolgreiche Tätigkeit als Personalberater bestimmte weitere Fähigkeiten vorhanden sein müssen, die über die alten Aktivitäten in der Branche hinaus gehen, muss es gelingen, die Branchenkollegen von diesen Fähigkeiten (zum Beispiel guter Blick für Menschen und deren Stärken und Schwächen) zu überzeugen. Oftmals ist es aber möglich, über diesen Weg erste Akquisitionserfolge zu erzielen. Bei erfolgreicher Abwicklung solcher Projekte entsteht dann ein Netzwerk.

Zusätzliche persönliche Kontakte entstehen eventuell über ein privates Netzwerk. Freunde und Nachbarn kommen hier in Frage, aber auch die Mitglieder des Golf- oder Tennisclubs können interessante potentielle Auftraggeber sein.

Viele Personalberater pflegen auch Mitgliedschaften in Wirtschaftsverbänden, internationalen Wirtschaftskammern, „Industrie-Clubs" oder ähnliches. Da hier inzwischen zahlreiche Personalberater aktiv sind, artet dies teilweise fast schon in Belästigung der potentiellen Auftraggeber aus.

Andere wiederum besuchen alle relevanten Branchen-Messen und versuchen dort zu Kontaktgesprächen mit Geschäftsführern und Personal-Chefs zu kommen.

Akquisitorisch wichtig ist die Pflege der Beziehungen zu Kandidaten, die der Personalberater platziert hat. Haben die Kandidaten in ihrer neuen Managementfunktion selbst Bedarf an Personalberatung und waren die Erfahrungen als Kandidat mit dem Personalberater überdurchschnittlich, kann der Personalberater sicherlich den einen oder anderen Auftrag erhalten.

PR

Gerne beantworten Personalberater Anfragen von Wirtschaftsjournalisten zu aktuellen Themen im Managementbereich. Man nehme beispielsweise die Diskussion über Frauen in Führungspositionen, die Bezahlung von Top-Managern oder auch Personen-Wechsel auf herausragenden Positionen in der Industrie. Die Kunst besteht darin, überhaupt erst einmal gefragt zu werden. Sich als Personalberater aktiv anzubieten, führt meistens zu nichts. Oft ergeben sich solche Kontakte zufällig. Aber nur, wenn man im konkreten Falle etwas Fundiertes und möglichst Originelles zu sagen hat, werden daraus wiederholte Anfragen.

Diese Zitate in der Wirtschaftspresse geben den interessierten Lesern Hinweise zu den Kompetenzfeldern und der intellektuellen Reflexionsfähigkeit des Personalberaters (falls hier nicht ein Ghost-Writer aktiv war) und können Anstoß für eine Kontaktaufnahme oder auch einer Beziehungsverstärkung bei vorhandenen Kontakten sein.

Personalberater betreiben natürlich daneben aktiv PR. Da werden zum Beispiel vielfältige Studien zu spannenden Themenkreisen mit mehr oder weniger wissenschaftlichem Anspruch entwickelt. Beliebte, einfache Fragen wie Wechselhäufigkeit, Frauenquoten, Bezahlung, Diversity, Auslandserfahrung oder die Reaktion auf eine bestimmte Gesetzesinitiative sowie gar geschmacklose, persönliche Fragen wie Scheidungshäufigkeit oder sexuelle Orientierung wurden schon gestellt und beantwortet. Vieles davon nimmt die relevante Presse auf. Daraus die Qualifikation und Zuverlässigkeit eines Personalberaters abzuleiten, ist mit Sicherheit unzulässig. Studien dieser Art dienen dazu, die Wahrnehmung einer bestimmten Personalberatungsgesellschaft zu erhöhen, mehr nicht.

Manchmal geht es in Studien um komplexere Fragen wie „Management in der Zukunft" oder „Kann man Karriere planen?" Hier werden zum Teil Universitäten als Partner bemüht. Es lässt sich daraus das Bemühen erkennen, Erkenntnisse zu liefern, die den Alltag des Managers betreffen. Mit solchen Personalberatungsgesellschaften zusammenzuarbeiten, ist vorteilhaft. Jedoch können diese Aspekte auch nur ein weiteres Mosaiksteinchen der Bewertung sein.

Dann gibt es vereinzelt Personalberater, die Bücher oder Aufsätze schreiben und veröffentlichen, sei es über Managementfragen allgemein oder über eine Branche.

Dies zeigt sicherlich ein gewisses intellektuelles Niveau, was auch bei der Abwicklung von Personalberatungsprojekten hilfreich ist und deshalb ein Auswahlkriterium für Personalberatungen sein kann. Jedoch sollte man darauf achten, dass das Publizieren nicht zu sehr ausartet, da dann möglicherweise die notwendige Zeit für die Abwicklung der Aufträge fehlt.

Zu PR-Zwecken werden gelegentlich Einladungen zu Kamingesprächen mit Wirtschafts-Gurus oder zu Vorträgen von bedeutenden Persönlichkeiten von Franz Beckenbauer bis zum Dalai Lama ausgesprochen. Sicher wird daraus niemand ableiten, dass die Personalberater der einladenden Personalberatungsgesellschaft eine besonders qualifizierte Projektabwicklung bieten, wenngleich sich hier mancher Eingeladene geehrt fühlen dürfte und bei der Vergabe von Personalberatungsprojekten wohlwollend auch den Gastgeber berücksichtigen wird.

Internationales Netzwerk

Etliche Personalberatungsgesellschaften verfügen über ein internationales Netzwerk. Über dessen mögliche Strukturen und dessen Nutzen für die konkrete Suche nach einem bestimmten Manager in einem bestimmten Land wurde schon an anderer Stelle geschrieben.

Hier geht es darum, wie ein Personalberater dieses Netzwerk für seine Aktivitäten für den Klienten einsetzt. Da gibt es einmal den Fall, dass aus dem Netzwerk ein Auftrag geliefert, also nicht aktiv akquiriert wird. Der Netzwerk-Kollege im Ausland arbeitet dort mit dem Headquarter des Klienten zusammen und empfiehlt den Personalberater in Deutschland für ein dortiges Projekt. Hier ist die Akquisition schon weitgehend gelaufen, insbesondere wenn das Headquarter des Klienten ein unternehmensweites Rahmenabkommen mit der Personalberatungsgesellschaft geschlossen hat („Preferred Supplier") und durchsetzt.

Manchmal ist es aber auch eine bloße Empfehlung und der Personalberater in Deutschland muss sich noch in einem sogenannten „shoot-out" bewähren.

Der Auftraggeber in Deutschland wird die schon vorhandene internationale Geschäftsbeziehung seines Unternehmens mit der Personalberatungsgesellschaft sicher positiv einschätzen. Die Gegebenheiten sind allerdings in jedem Land anders. Aus der Zugehörigkeit zu einem internationalen Netzwerk kann man jedoch eine gewisse Professionalität und das Vorhandensein von erprobten Prozessen ableiten.

Vielfach gehen Personalberater mit schon in anderen Ländern des Netzwerkes für ein Unternehmen durchgeführten Projekten „hausieren". Dies kann durchaus ein Türöffner sein. Letztlich bleibt die Person und Erfahrung des Personalberaters in Deutschland aber auch hier zu prüfen.

Modelle der internationalen Zusammenarbeit mit Personalberatern

Gregor Mannstedt, der Personaldirektor der Cement + Mörtel GmbH bekam die Kündigung von Jiri Svoboda (Leiter des tschechischen Werkes in Ostrau mit ca. 550 Mitarbeitern) am Donnerstagnachmittag. Der Freitag war der letzte Tag vor dem Antritt seines Urlaubs, der ihn 14 Tage an die türkische Ägäis-Küste führen sollte. Da Svoboda schon nach 6 Monaten Kündigungsfrist Ende des Jahres ausscheiden würde, war sofortiges Handeln angesagt. Die Besetzung der Position mit einem Tschechen hatte sich aufgrund des hervorragenden Zugangs zur Belegschaft und der wichtigen Zusammenarbeit mit den lokalen Behörden (Umweltschutz-Auflagen!) sehr bewährt, so dass Mannstedt klar war, dass wieder ein Tscheche auf die Position gehörte. Unglücklicherweise war Svobodas Stellvertreter aber kürzlich abgeordnet worden, das im Bau befindliche, neue, zweite Werk in Brünn zu leiten. Es musste jetzt also extern gesucht werden. Wie sollte Mannstedt vorgehen? Es gab einige Varianten zur Auswahl:

Anzeige in Zeitungen und Fachzeitschriften im Ausland

Eine Such-Anzeige in der größten tschechischen Tageszeitung war denkbar, ebenso im Branchenblatt „Konstrukčni Materiály". Dieser Lösungsansatz hatte allerdings den Nachteil der Passivität, weil man auf den Zufall angewiesen war: der eventuelle Kandidat musste die Zeitung/Zeitschrift lesen, die Anzeige finden, die Anzeige lesen und interessant finden, auf der Suche nach einer solchen Position sein und eine entsprechende Bewerbung auf den Weg bringen. Deshalb verzichtet Mannstedt darauf.

Eigene Recherchen in Social Media beziehungsweise Annoncierung dort

XING, LinkedIn und andere Netzwerke sind Internet-Plattformen, wo viele Menschen ihren Lebenslauf hinterlegt haben, auch in der Hoffnung, von potentiellen Arbeitgebern oder deren Berater auf zu besetzende Positionen angesprochen zu werden. Es ist allerdings schwierig, mühsam und zeitaufwendig, entsprechende Kandidaten herauszufiltern, falls diese überhaupt darin enthalten sind.

Eine Annonce bei Stepstone und Monster hatte auch keine Ergebnisse gebracht.

Suche eines Personalberaters direkt im Ausland

Mit Googles Hilfe findet man in Tschechien Personalberater, sowohl Niederlassungen der großen internationalen Netzwerke als auch Boutiquen und Einzelkämpfer. Auf den entsprechenden Internet-Seiten, die bei etablierten und ambitionierten Beratern auch in Englisch verfügbar sind, kann dann herausgefunden werden, was jeweils dahinter steckt und ob Erfahrungen in der Baustoff-Branche vorliegen. Auch dies ist ein zeitaufwändiges, mühsames und zudem recht unsicheres Verfahren. Es muss nämlich im zweiten Schritt vor Ort persönlich geprüft werden, ob man zusammen passt und welche nutzbaren Erfahrungen mit deutschen Unternehmen vorliegen.

Anfrage bei einem internationalen Netzwerk

Die großen internationalen Personalberatungsgesellschaften haben Niederlassungen in den wirtschaftlich wichtigsten Städten der Welt. Vielleicht hat man schon mit anderen internationalen oder der deutschen Niederlassung Erfahrungen gemacht.

Ein Partner der deutschen Niederlassung, den man anspricht, wird sehr gerne den Kontakt an das entsprechende Büro im Ausland vermitteln, denn, wenn er darstellen kann, dass das suchende Unternehmen sein Klient in Deutschland ist, wird die ausführende Niederlassung im Ausland ihm mindestens 20 % des Honorars überlassen (Referral fee).

Man kann sich aber auch direkt an die ausländischen Niederlassungen wenden. Geht man den Weg über Deutschland, erhält man im Ausland allerdings wahrscheinlich eine größere Aufmerksamkeit, weil der vermittelnde deutsche Partner aus Honorar-Gründen bei den Kollegen im Ausland „mehr Wind" machen wird.

Allerdings laufen solche Kontakte im Ausland oftmals bei großen Beratungsgesellschaften zunächst über den „Office Manager", der den entsprechenden ausführenden Berater bestimmt. Dabei spielen die Auslastung der lokalen Berater und der strategische Wert des potentiellen Klienten (Größe, eventuelle weitere Aufträge, guter Name) eine wichtige Rolle. So kann man dann an einen ausführenden Berater kommen, der nicht unbedingt in der Branche zuhause ist oder noch recht unerfahren agiert.

Bei einem Boutique-Netzwerk ist diese Gefahr geringer. Man kennt sich dort aufgrund der überschaubaren Anzahl von Partnern persönlich viel besser und der deutsche Partner kann gezielt jemanden im Ausland empfehlen, den er gut kennt, dem er vertraut und auf den er meist auch einen persönlichen Einfluss nehmen kann.

Beauftragung eines deutschen Personalberaters mit oder ohne Partner im Ausland

Wenn man einen international „verdrahteten" und bewährten deutschen Personalberater hat, mit dem sehr gute Erfahrungen gewonnen wurden, kann man diesen auch direkt mit der Auslandssuche beauftragen. Dann ist man sicher, dass er die Kandidaten „durch die gleiche Brille" betrachtet, wie die von ihm in Deutschland „gelieferten" Kandidaten.

Lokale Sprachkenntnisse spielen eine geringere Rolle, da heutzutage alle Management-Kandidaten gut Englisch sprechen müssen. Allerdings sind kulturelle Landeskenntnisse und die eventuelle Research-Unterstützung durch einen lokalen Partner des Personalberaters nützlich und sinnvoll.

Entfernungen spielen auch noch eine Rolle. Eine Suche in Australien oder Südostasien, für die der deutsche Berater zur Durchführung von persönlichen Interviews dorthin reisen müsste, bieten sich eher nicht an. Im größeren Europa als auch an die US-Ostküste dürften solche Reisen problemlos machbar sein.

Präsentationen: Blendung und Wahrheit

Wer immer die Wahrheit sagt,
kann sich ein schlechtes Gedächtnis leisten.
Theodor Heuss
(1884–1963)
Deutscher Bundespräsident

Die übersandten Broschüren und eventuelle persönliche Präsentationen sind meist hübsch aufbereitet und schön anzusehen. Sehr viel Substanz enthalten Sie aber nicht. Referenzlisten mit konkreten Namen von Kunden sind tabu in der Branche und die dargestellten Zahlen entweder in Relativform (zum Beispiel: 39 % unserer Projekte sind Besetzungen von Geschäftsführungspositionen) und/oder schlichtweg nicht überprüfbar (zum Beispiel: unser Umsatz in Deutschland beträgt ca. € 18 Millionen und wir beschäftigen 22 Research Consultants).

Die in den Broschüren dargestellten „Werte" wie Transparenz, Ehrlichkeit und Vertraulichkeit ähneln sich und sind eigentlich eine Selbstverständlichkeit.

Die "mission statements" der Personalberatungsunternehmen betonen diese Werte, sind aber trivial. Hierzu einige Beispiele:

Beispiel

We match our services to your precise needs to create the outcomes you want.
Egon Zehnder
We help clients cultivate greatness through the design, building and attraction of their talent
KornFerry
Beratungsstärke, internationale Kontakte und absolute Seriosität
Odgers Berndtson
Conducting an executive search for your organization . . . is a responsibility that should not be taken lightly
Heidrick & Struggles
Wir steigern die Wertschöpfung bei unseren Kunden, weil wir die besten Kandidaten finden und für neue Herausforderungen begeistern – per Direktansprache oder anzeigengestützt
Kienbaum
Leadership, Succession and Search
Russel Reynolds
Context driven Executive Search
Amrop Delta

Bei genauer Betrachtung werden Selbstverständlichkeiten versprochen und dabei beliebte Vokabeln des Managements benutzt.

Beispiel

„Wir gestalten unsere Dienstleistung so, dass genau das herauskommt, was Sie wünschen" (etwas anderes, möchte der Klient sicher auch nicht).

„Wir helfen unserem Klienten, toll zu werden, indem wir die Besten für Sie finden" (okay, der Klient ist sicher einverstanden).

„Wir bieten Beratung, Internationalität und Seriosität" (keine Beratung, reine Nationalität und unseriöses Verhalten möchte der Klient sicher nicht).

„Wir nehmen den Auftrag nicht leicht" (dies wäre auch nicht im Sinne des Klienten).

„Wir steigern Ihre Wertschöpfung, indem wir die Besten finden" (wen denn sonst?).

„Führung, Nachfolge und Suche" (aha!).

„Executive Search, der durch die individuelle Situation angetrieben wird" (das ist höchst sinnvoll).

Beliebt sind generell die Betonung der Internationalität und die Zugehörigkeit zu bedeutenden Netzwerken. Hier sollte man skeptisch die Qualität der Netzwerk-Partner und deren Zusammenwirken sowie auch den Nutzen für den aktuellen Besetzungsfall im Inland hinterfragen, wie schon oben beschrieben.

Auch die Lebensläufe der dargestellten Partner und Mitarbeiter haben oft eine gewisse Dekor-kosmetische bis chirurgische Behandlung erfahren. Nicht vorhandene Ausbildung auf Top-Niveau wird verschleiert:

Beispiel

- Hat in Köln BWL studiert (sicher nicht an der Albertus-Magnus-Universität sondern an der Fachhochschule)
- Hat BWL und Ingenieurwesen studiert (sicher nicht an Top-Universitäten, sonst würden sie ja erwähnt)
- Berater führt einen Doktor-Titel ohne Erwähnung der Universität, die diesen verliehen hat (vielleicht nicht renommiert oder in Ost-Europa?)
- Berater hat Harvard PMD-Programm absolviert (klingt gut, dauert aber nur 6 Wochen)
- Berater hat im Zuge seines Studiums in Frankreich studiert (spricht aber kein Französisch)
- Berater hat Germanistik und Sport studiert (sicher um Lehrer zu werden) und nie in der Wirtschaft gearbeitet (ist vielleicht über eine Research-Funktion in die Rolle hineingewachsen)
- Berater hat Jura und Wirtschaft studiert mit Abschluss als Jurist (d. h. 1 Semester VWL nebenbei) oder mit Abschluss als Betriebswirt (d. h. 1–2 Semester Jura als Pflichtfach)

Die berufliche Erfahrung wird ebenfalls geschickt dargestellt:

Beispiel

- Hatte 10 Jahre lang leitende Funktionen im Schiffbau (wie ist das möglich, wenn er schon mit 32 Jahren Personalberater wurde?)
- Arbeitete im Vorstand der XY AG (war er Vorstandsassistent, Sekretär oder Mitglied des Vorstandes?)
- War im Vertrieb tätig (kann alles sein!)
- Gehörte dem europäischen Management der ABC-Group an (kann alles sein!)
- War Engagement-Manager bei McKinsey und sonst nichts (hat keine verwertbare Management-Erfahrung)
- War vorher Partner/Principal eines anderen Executive Search-Unternehmens und hat sonst keine Berufserfahrung (ist aus dem Research in die Verantwortung gewachsen)

Dies alles bedeutet nicht, dass diese Personalberater zwangsläufig schlechte Arbeit leisten. Vielmehr kann man auch mit solchen Informationen einen Auswahlvorgang steuern. Soll es der aus der Unternehmenspraxis kommende Personalberater sein oder ist ein ehemaliger Unternehmensberater mit einer guten Analytik richtig. Vielleicht ist auch der aus dem Research kommende Personalberater, der über viele Jahre besonders intensive Netzwerkkontakte in einem Suchfeld aufgebaut hat und Kandidaten schon lange begleitet, die perfekte Lösung.

In diesem Zusammenhang ist darauf hinzuweisen, wie wichtig es ist, dass Ausbildung und Niveau des Personalberaters mindestens der Ausbildung und dem Niveau des Auftraggebers und der Kandidaten entspricht, um auf „Augenhöhe" Gespräche führen zu können.

Referenzen und Empfehlungen

Der akquisitorische Königsweg der persönlichen Kontakte wird durch Referenzen gebildet. Was könnte überzeugender sein als ein erfolgreich abgewickeltes Projekt bei einem Bekannten oder Kollegen, womöglich noch in der gleichen Branche und für eine vergleichbare Position. Und dies ist in der Regel auch so.

Wie bei jeder Referenzauskunft wird der Personalberater Personen nennen, die ihm wohlgesonnen sind. Dies relativiert natürlich die Aussagekraft. Auf jeden Fall sollte geprüft werden, ob das Niveau der besetzen Position, die Funktion und eventuell die Branche wirklich vergleichbar sind.

Die Erfahrung mit der Persönlichkeit des Personalberaters, sein Einsatzwillen, seine Konsequenz, seine Ehrlichkeit und auch seine Fähigkeit, die „Richtigen" auszusuchen, sind allerdings noch wichtigere Erkenntnisse.

In einem kurzen Telefongespräch mit dem Referenzgeber können diese Fragen diskutiert und geklärt werden.

Eine gewisse Referenz und Empfehlung können auch Ranglisten sein, die seriöse Wirtschaftspublikationen aufstellen.

In Kap. 11 finden Sie eine Liste mit den wichtigsten Personalberatern (siehe auch Tab. 11.1). Diese Aufstellung wurde ursprünglich 2010 von dem Wirtschaftsmagazin *Wirtschaftswoche* nach intensiver journalistischer Analyse mit zahlreichen Experten-Interviews (vor allem auf Klienten-Seite) erstellt und für dieses Werk aktualisiert und überarbeitet. Nach Branchen sortiert führt sie direkt zu den wichtigsten und passenden Partnern der Personalberatungsgesellschaften.

Der persönliche Auftritt

Sei, was Du bist,
immer ganz und immer derselbe.
Adolph Freiherr von Knigge
(1752–1796)
Deutscher Schriftsteller und Aufklärer

Irgendwann erscheint der Personalberater persönlich. Branchenüblich tragen alle einen dunklen Anzug und eine hübsche Krawatte; die Damen einen Hosenanzug oder ein Kostüm, alles mit dezenten Accessoires.

Die Unterscheidung beginnt bei Faktoren wie Respekt vor den Mitarbeitern an der Pforte und am Empfang, dem ersten Augenkontakt, dem Händedruck, der Offensive oder Zurückhaltung in der Kommunikation, der Selbstverständlichkeit und Gelassenheit des Auftritts, die dem Gesprächspartner schnell die Befangenheit nimmt, dem intellektuellen Tempo und der intellektuellen Anpassungsfähigkeit des Personalberaters. In den ersten 10 Minuten wird klar, ob man persönlich zueinander passt.

Die Besetzung von Führungspositionen ist eine sehr persönliche Angelegenheit, so dass der Personalberater zur Person und der Unternehmenskultur des Auftraggebers passen muss. Alle anderen Auswahlkriterien treten dahinter zurück. Der Personalberater tritt gegenüber der Öffentlichkeit der möglichen Kandidaten und damit auch gegenüber Wettbewerbern in der eigenen Branche als Repräsentant des Auftraggebers auf. Dies sollte so stattfinden, wie man es selbst als Auftraggeber auch machen würde (oder vielleicht sogar noch besser). Noch wichtiger aber ist, dass der Personalberater später in der Regel mit den Kandidaten an den Gesprächen beim Auftraggeber teilnimmt. Die Person des Personalberaters sollte dann am Tisch keinen Störfaktor bilden, sondern so akzeptiert sein, dass er – da wo notwendig – helfend und moderierend unterstützen kann.

Natürlich ist es für den schauspielerisch begabten, extrovertierten und vertriebserfahrenen Personalberater relativ einfach ein passendes Bild zu bieten. Da muss man schon einmal genauer hinsehen und sich nicht bluffen lassen.

Personalberater, die einem „glatt wie ein Aal" vorkommen und keinerlei „Pack-Ende" bieten, sind keine guten Partner. Zu leicht entgleitet einem dann der Suchprozess.

Rollenverständnis: Akquisiteur oder Abwickler?

Größere Personalberatungsgesellschaften treten bei Präsentationen gerne zu zweit auf. Dies soll einmal den potentiellen Kunden beeindrucken und seine Bedeutung betonen, zum anderen kann man sich auch die „Bälle zuspielen" und sich ergänzen.

Dabei gibt es unterschiedliche Ansätze für das Zweier-Team. Beliebt ist die „dog and pony"-Show. Ein erfahrener und akquisitionsgewandter "Senior-Partner" kommt mit einem jüngeren Kollegen zum Gespräch. Man kann sicher sein, dass der jüngere Kollege die Projekt-Abwicklung durchführen wird.

Ein anderer Ansatz sind zwei gleich qualifizierte Personalberater auf Augenhöhe, wobei aber oft nur einer in der Branche des potentiellen Auftraggebers zuhause ist. Diesen hat der andere Personalberater mitgenommen, um einen Insider-Eindruck zu hinterlassen. Da der Nicht-Insider den Termin gemacht hat, wird er auch den potentiellen Auftrag abwickeln. Der Insider hat in der Regel kein Interesse daran, den anderen über das Akquisitionsgespräch hinaus zu unterstützen, da er nichts davon hat. Vielleicht hat der Insider sogar negative Gefühle gegenüber dem anderen, weil er diesen Auftrag als Insider natürlich viel besser abwickeln könnte.

Manchmal wird auch argumentiert, dass der zweite Personalberater das Projekt nahtlos übernehmen könne, wenn der erste einmal ausfallen würde. Allerdings passiert dies sehr, sehr selten und zudem ist der zweite niemals wirklich im Thema, denn er hat eigene Projekte. Deshalb kann eigentlich jeder andere Personalberater des Personalberatungsunternehmens hier genauso gut oder schlecht einspringen.

Wichtig für die Auswahl des Beraters ist, dass Akquisiteur und Abwickler die gleiche Person sein sollten.

Man sollte im Leben niemals die gleiche Dummheit zweimal machen,
denn die Auswahl ist so groß.
Bertrand Russell
(1872–1970)
Britischer Philosoph, Mathematiker und Logiker

Wer im Unternehmen den Personalberater auswählt

Bevor hier die Auswahl-Kriterien diskutiert werden, muss noch auf den Einfluss der unterschiedlichen Verantwortlichen für die Auswahl eingegangen werden.

Es gibt prinzipiell zwei Entscheider für die Auswahl des Personalberaters, entweder der fachlich Vorgesetzte der zu besetzenden Position beziehungsweise die Geschäftsführung oder die Personalleitung. Je größer das Unternehmen des Auftraggebers ist, umso mehr unterschiedliche Personalberater sind dort tätig. Deshalb ist die Rolle, Bedeutung und Durchsetzungsfähigkeit des Personalwesens entscheidend. Weiterhin ist bei größeren Unternehmen oftmals der Dienstleistungseinkauf beteiligt (Rahmenverträge/ Preferred Supplier List). Daneben ist der Grad der Zentralisierung beziehungsweise Dezentralisierung von Aufgaben von Einfluss.

Bis heute gibt es auch größere Unternehmen, bei denen jeder Fachvorgesetzte seinen Personalberater selbst aussucht und die HR-Abteilung nur informiert. Dann werden die Kosten regelmäßig auch auf diese Fach-Kostenstelle gebucht.

Bei einem organisierten und allgemein im Unternehmen akzeptierten Personalwesen, wie es heute üblich und auch im Falle von Gregor Mannstedt bei der Cement + Mörtel GmbH der Fall ist, steuert dieses die Auswahl und Führung der Personalberater. Dabei werden einige wenige Personalberater über einen längeren Zeitraum beschäftigt, entweder

R. Dahlems, *Personalberater erfolgreich auswählen und führen*,
DOI 10.1007/978-3-658-03418-4_4, © Springer Fachmedien Wiesbaden 2014

im Rahmen einer erprobten Zusammenarbeit oder auch unter Beteiligung des Einkaufs mit einem Rahmenvertrag.

Generell ist es sinnvoll, eine überschaubare Zahl von Personalberatern über längere Zeit zu beschäftigen, zentral über Human Resources zu steuern und aus einem Jahresbudget (mit einheiflichen, sachlich begründeten Honorar-Strukturen) zu bezahlen. Dann sind bewährte Personalberater für das Unternehmen unterwegs, die die Unternehmenskultur kennen, die verantwortlichen Manager einschätzen können und damit treffsichere Kandidatenvorschläge machen können.

Kriterien der Auswahl

> Wer die Wahl hat, hat die Qual.
> Sprichwort

Größe der Personalberatungsgesellschaft

Eine größere Personalberatungsgesellschaft mit mehreren Partnern, weiteren angestellten Mitarbeitern und einer oder mehreren renommierten Büro-Adressen ist mit großer Wahrscheinlichkeit mit guten Prozessen, professionellen Methoden und einem breiten Erfahrungswissen versehen. Die Größe kann an Mitarbeiterzahlen, die Qualität beispielsweise am Verhältnis der Menge Partner zur Menge fest angestellter Mitarbeiter gemessen werden. Weitere Kenngrößen sind die Zahl der jährlich abgewickelten Projekte und der Honorarumsatz. Gerne werden auch die Anzahl der Büros im internationalen Netzwerk und die Anzahl der Länder, in denen man Büros unterhält, genannt.

Hier ist aber auch vor „Schein-Riesen" zu warnen. Dabei sind die internationalen Netzwerke Kooperationen auf dem Papier, bei denen die Partner einander gar nicht oder wenig kennen, geschweige denn sich austauschen oder gleiche Qualitätsvorstellungen haben. Auch mit den deutschen Niederlassungen wird geflunkert. Adressen stellen sich als Office-Share (Regus, Pedus etc.) heraus, wo gar keine Partner oder Mitarbeiter sind. Gelegentlich taucht auch ein und dasselbe Team in Düsseldorf, Paris, London und New York an solchen „Schein-Adressen" auf.

Bei Umsatzangaben und Projektanzahl wird gerne übertrieben, da diese Angaben nicht überprüfbar sind.

Die maximal wünschenswerte Unternehmensgröße einer Personalberatungsgesellschaft in Deutschland dürfte zwischen 15 und 20 Partnern liegen. Die gesamte Mitarbeiterzahl beträgt dann 60–80 Mitarbeiter. Noch größere Gesellschaften neigen zum Bürokratismus und ziehen die Partner von der unmittelbaren Arbeit für den Kunden ab und hin zu verwaltenden und Management-Aufgaben. Damit überlässt man dann die Kernaufgabe weniger erfahrenen Beratern.

Je größer die Gesellschaft ist, umso mehr treten sogenannte „off-limits"-Probleme auf. Da jeder Partner eine Anzahl von aktiven Klienten hat, sind diese schon einmal tabu („off limits") für die Suche nach Kandidaten. Typischerweise haben Partner von Personalberatungsgesellschaften 5–20 aktive Klienten, für die sie in den letzten 2 Jahren tätig waren. Bei einer größeren Partnerschaft ergeben sich daraus durchaus störende Effekte.

One-man-shows andererseits haben weder die notwendigen Prozesse noch den kumulierten Erfahrungsschatz noch die notwendige Datenbasis von tausenden schon kontaktierten und interviewten Kandidaten.

Historie der Personalberatungsgesellschaft

In Deutschland operieren Personalberatungsgesellschaften, die weltweit seit mehr als 60 Jahren tätig sind. Personalberatung (Executive Search) ist allerdings erst Ende der 60er Jahre des letzten Jahrhunderts nach Deutschland gekommen.

Personalberatungsunternehmen, die sich eine lange Zeit im Markt behaupten konnten, müssen ordentliche, qualitativ hochwertige Arbeit geleistet haben. Deshalb ist eine entsprechende Leistung auch in der Zukunft zu erwarten.

Es gibt aber auch „Spin-offs" und „Zellteilungen" solcher Gesellschaften, die erst relativ kurz im Markt sind, aber aufgrund ihrer Erfahrungen aus den historischen Gesellschaften durchaus auf diesem Niveau operieren.

Spezialisierung der Personalberatungsgesellschaft

Eine Spezialisierung ist meist branchen- oder funktionsorientiert.

Je enger der Branchenfokus ist, umso kleiner muss die Personalberatungsgesellschaft oder die Anzahl der Partner, die in dieser Branche aktiv sind, sein. Ist sie in einer Branche zu groß, kommt es recht bald zu off-limits-Problemen, d. h. die Anzahl der Unternehmen, bei denen man Positionen besetzt, wird so groß, dass die Anzahl der „Spender-Unternehmen" zu gering wird. Nach wie vor ist es in Deutschland nämlich so, dass Positionen aus der jeweiligen Branche besetzt werden, um so viel wie möglich an Branchen-Know-how einzukaufen.

Bei der Funktionsorientierung (zum Beispiel auf Manager im Bereich des Finanzwesens, des Personalbereichs oder des Vertriebs) tritt ein solcher Engpass dagegen eher selten auf, da hier oft branchenunabhängig oder aber zumindest in mehr als einer Branche gesucht werden kann.

In größeren Personalberatungsgesellschaften operieren mehrere Partner mit unterschiedlichen Branchen- beziehungsweise Funktionsspezialisierungen nebeneinander. Dies dient auch zur Reduzierung der internen Konkurrenz.

Die Spezialisierung auf bestimmte Management-Ebenen wird weiter unten besprochen.

Breite und Tiefe des Angebotes der Personalberatungsgesellschaft

Personalberatung ist ein schillernder Begriff, der nicht sauber abgegrenzt ist. Im Kern versteht man sicherlich darunter die Besetzung von Führungspositionen durch Suche und Auswahl entsprechender Kandidaten.

Manche Anbieter fassen den Begriff auch weiter. Dann geht es beispielsweise um die Analyse und Gestaltung von Bezahlungssystemen, die Vermittlung von Interim Managern, Coaching-Angebote, Hilfen bei der Integration neuer Manager (Inplacement® oder Onboarding) oder um Audits vorhandener Managementteams sowie manches mehr.

Bei der Auswahl eines geeigneten Personalberaters muss man sich in diesem Zusammenhang fragen, was man will. Wird die Zusammenarbeit mit jemandem gesucht, der sich ausschließlich auf die Kernaufgaben im obigen Sinne konzentriert oder möchte man einen „Tausendsassa". Die „Vieles-Anbieter" versuchen über den bunten Strauß von einer Dienstleistung zur nächsten zu gelangen, um zumindest akquisitorische Synergien zu schöpfen. Wenn man nämlich im Leadership Audit schwache Manager identifiziert, kann man gleich anbieten, bessere zu suchen und wenn man die gefunden hat, kann das Dienstleistungsangebot Inplacement® deren Wirkungsgeschwindigkeit erhöhen.

Die Gefahr einer solchen „integrierten" Zusammenarbeit ist allerdings, dass zum Beispiel ein Audit besonders hart ausfällt.

Eine weitere Frage an dieser Stelle ist, ob man einen Personalberatungspartner für alle Hierarchie-Ebenen haben möchte oder nicht. Ein Personalberatungsunternehmen, das gleich gut ist in der Besetzung eines Software-Entwicklers und in der Besetzung des Vorsitzenden der Geschäftsführung desselben Unternehmens wird man jedoch schwerlich finden.

Erst ab einer gewissen Seniorität und Bildung wird jedoch ein Personalberater als Gesprächspartner für die höheren Ränge des Managements akzeptiert.

Oberhalb eines Einkommens von € 1.000.000 gibt es noch eine Handvoll Spezialisten, die aber keine Personalberatung im engeren Sinne betreiben („systematische Suche") sondern „Köpfe vermitteln".

Zertifizierung der Personalberatungsgesellschaft

Einige wenige, eher kleinere und nationale Personalberatungsunternehmen haben sich vom TÜV, dem Norddeutschen Lloyd oder anderen, autorisierten Einrichtungen zertifizieren lassen. Diese Zertifizierung erfolgt meist nach den ISO (International Organisation of Standardisation)-Normen 9001 (Qualität) und 14001 (Umwelt).

Bei ISO 9001 geht es um die in den Personalberatungsgesellschaften durchgeführten Prozesse und inwiefern hier wiederholbare, klar dokumentierte und etablierte Regelungen festgeschrieben sind. Damit soll die Qualität dieser Prozesse nachgewiesen und stabilisiert werden.

Die ISO 14001 Zertifizierung betrifft die ressourcenschonende Organisation aller Tätigkeiten des Personalberatungsunternehmens, zum Beispiel Reisen, Büroräume, Büroausstattung, Nutzung von Büro-Maschinen und Verbrauchsmaterial etc.

Die Zertifizierung soll die Vertrauenswürdigkeit in eine stabile Leistungserstellung gegenüber dem Klienten erhöhen und nachhaltiges Wirtschaften beweisen.

Mal abgesehen davon, dass eine schlecht organisierte Personalberatungsgesellschaft generell keinen längeren Bestand haben dürfte, kann man zudem aus der Zertifizierung einige sehr wichtige Auswahlkriterien nicht ableiten. Ob der Personalberater „sein Handwerk versteht", ob er Kontakte hat, ob er ehrlich mit Klienten und Kandidaten umgeht, ob er für seinen Klienten unablässig für die optimale Lösung kämpft, lässt das ISO-Zertifikat nicht erkennen.

Anzeigen, Research, Datenbank und Internetrecherche

Einige weitere Auswahlkriterien bieten die methodischen Unterschiede der Personalberatungen.

Wenige schalten noch Anzeigen in klassischen Print-Medien. Erstaunlicherweise glaubt insbesondere der öffentliche Bereich noch an die Leistungsfähigkeit eines solchen Vorgehens. Hier ist die Veröffentlichung einer Stellenanzeige im Besetzungsverfahren fast immer vorgeschrieben. Leider lassen die Ergebnisse solcher Anzeigen zu wünschen übrig, während die Kosten dafür durchaus erheblich sind.

Heute wird in der Regel ein systematisches Research nach Kandidaten (Executive Search) verlangt. Hier gibt es enorme Qualitätsunterschiede. Von außen ist dies allerdings schwer zu erkennen. Ein gutes Indiz ist die Anzahl und das Niveau der festangestellten Vollzeitmitarbeiter der Personalberatung, die sich dem Aufgabengebiet Research widmen.

In diesem Zusammenhang wird schon einmal falsch gespielt, indem übertriebene Zahlen genannt werden oder sogar Personen erfunden werden. Ein Research Consultant, der gleichzeitig auch noch Sekretärin spielen muss (oder anders herum), ist nicht professionell. Nicht zu unterschätzen ist nämlich die Leistung eines guten Sekretariates/Assistenz. Hier ist oft die „Seele" des Projektes, die für die notwendige Kommunikation sorgt, eine gute Beziehung zu allen Kandidaten aufbaut, Termine organisiert und die dazu notwendigen Reisen. Weiterhin ist hier die wichtige Schnittstelle zum Sekretariat des Auftraggebers. Hinzu kommen die notwendigen alltäglichen Büroarbeiten.

Seriöse Anbieter nennen den verantwortlichen Research Consultant sowie die verantwortliche Projektassistentin beim Namen und geben die Durchwahlen bekannt. Wenn möglich, sollte der Research Consultant sogar dem Briefing durch den Klienten beiwohnen. So kann sich der potentielle Auftraggeber ein klares Bild machen.

Das Research muss auf einer etablierten Software-Lösung (zum Beispiel „Hunter") systematisch geplant, durchgeführt und dokumentiert werden. Jeder Telefonkontakt ist lückenlos zu erfassen und jederzeit nachvollziehbar zu machen.

Research Consultants müssen ein Interviewtraining durchlaufen haben und mit der zu besetzenden Position und Branche vertraut sein. Der zuständige Partner muss den Research Consultants jederzeit kurzfristig für Fragen bereitstehen und seinerseits Informationen über von ihm durchgeführte persönliche Interviews schnellstens an den Research Consultant zurückspielen.

Um auf Augenhöhe sprechen zu können, müssen Research Consultants, die mit Projekten im oberen Segment des Managements betraut sind, eine akademische Ausbildung haben, da sowohl Auftraggeber als auch Kandidaten ein solches Niveau besitzen.

Im Übrigen ist der Partner selber „Researcher", wenn es um Spitzenpositionen geht, damit bei den angesprochenen Kandidaten Akzeptanz erzeugt wird.

Etablierte Personalberatungsgesellschaften operieren mit umfangreichen Datenbanken, die insbesondere aus abgewickelten Projekten und aus der Flut der täglich einkommenden, unaufgefordert zugesandten Lebensläufe gespeist werden. Bekanntere Personalberatungsgesellschaften erhalten unaufgefordert mehr als 10.000 qualifizierte Lebensläufe pro Jahr, die weitgehend in die Datenbank aufgenommen werden. Hier findet man für eine Suche erste Gesprächspartner, sehr selten aber auch den Kandidaten, der es dann auch wird.

Die Datenbank sollte deshalb nicht überschätzt werden. Sie hilft ein Projekt zu starten, Empfehlungen zu bekommen und das Know-how über den relevanten Markt zu vertiefen.

Nur bei ausgesprochenen Spezialisten-Positionen kann die Datenbank das Problem lösen. Deshalb ist die Größe dieser Informationssammlung weniger wichtig. Eine topaktuelle kleinere Datenbank über Kandidaten einer Branche kann viel hilfreicher sein.

Zu einem modernen Suchprozess gehören zudem gründliche Internetrecherchen und meist auch die Schaltung kleiner, kostengünstiger Anzeigen in den relevanten Job-Börsen.

Hier haben die Personalberater zum Teil unterschiedliche Erfahrungen und Philosophien, die unbedingt hinterfragt werden sollten. Auf keinen Fall kann die Schaltung solcher Internet-Anzeigen ein systematisches Research ersetzen, bei dem der relevante Zielmarkt an möglichen „Spender-Unternehmen" sorgfältig analysiert wird.

Person des Personalberaters

Nur Persönlichkeiten bewegen die Welt,
niemals Prinzipien.
Oscar Wilde
(1854–1900)
Irischer Schriftsteller

Die Schlüsselfunktion für das Gelingen des Projektes hat der verantwortliche Personalberater als Person.

Seine intellektuelle Erfassung der Problemstellung, seine Fähigkeit den Suchprozess in die richtige Richtung zu lenken und seine Motivationsfähigkeit bei allen Beteiligten sind entscheidend.

Zunächst einmal muss der Personalberater zum Niveau der Suche passen. Hat er bisher schon auf der relevanten Hierarchieebene erfolgreich agiert? Nimmt man ihn als „Botschafter" seines Kunden auf Augenhöhe bei den Kandidaten ernst? Spricht er die Sprache der Branche und der Funktion? Kann er die Kultur des Klienten erfassen, vermitteln und den Kandidaten auf Passform dazu prüfen?

Alles das hängt von der Ausbildung, der Bildung, der Erfahrung und der Ausstrahlung des Personalberaters ab.

Nicht jeder Personalberater passt deshalb in jede Branche, jede Unternehmensgröße und zu jedem Auftraggeber. Solche Personalberater, die schon länger tätig sind, haben in der Regel die Branchen und die Unternehmenskulturen gefunden, wo sie sich wohlfühlen und „ankommen".

Der eine fühlt sich beispielsweise im großen Mittelstand zuhause, wo weniger Bürokratie herrscht, schnelle Entscheidungen fallen und trotzdem strukturierte Prozesse vorhanden sind. Der andere bevorzugt Großunternehmen mit ihren Regeln, ihrer Berechenbarkeit und Klarheit.

Trotz aller Anpassungsfähigkeit würde man den Personalberater verbiegen und seine Leistungsfähigkeit beschränken, wenn man ihn in die falsche Umgebung holt.

Typen von Personalberatern

Alles, was uns imponieren soll, muss Charakter haben.
Johann Wolfgang von Goethe
(1749–1832)
Deutscher Dichter

Nachfolgend werden einige Typen von Personalberatern beschrieben, wie sie im Markt vorgefunden werden.

Da ist zunächst der Abgesandte der „Search Factories", in denen Kandidaten am Fließband produziert werden, strengen Regeln über Prozesse aus der (oft US-amerikanischen) Zentrale folgend. Nach drei brauchbaren Kandidaten sehen die Personalberater ihre Aufgabe als erfüllt an, rechnen alles ab und eilen zum nächsten Projekt.

Dann gibt es den alten Hasen. Er hat schon mehr als 20 Jahre Manager-Interviews auf dem Buckel und alles gesehen und erlebt. Wenn er sich so lange im Geschäft halten konnte, hat er wahrscheinlich ein gutes „Händchen" für die richtigen Kandidaten. Er wird nur wenige, sorgfältig selektierte Kandidaten vorstellen, von denen er überzeugt ist. In der Regel ist er der verlässliche und für eine überdurchschnittliche Lösung auch länger kämpfende Partner, der sich zudem für das Schicksal der Kandidaten interessiert.

Der dritte Typ ist der Fleisch-Händler, der eigentlich kein Berater ist. Er handelt mit Lebensläufen, liefert auf Zuruf beliebige Mengen mehr oder überwiegend weniger passende Lebensläufe, ohne vorher die Kandidaten informiert zu haben oder diese gar persönlich getroffen zu haben. Dem Auftraggeber obliegt es dann, die Informationen zu durchforsten, mit dem meist überraschten Kandidaten Kontakt aufzunehmen, ihm die vakante Position zu verkaufen, den Kandidaten zu interviewen und auszuwählen.

Der vierte Typ ist der elitär auftretende Ex-McKinsey- oder BCG-Berater mit glänzenden internationalen akademischen Abschlüssen, aber wenig bis keiner echten Führungserfahrung. Er schmückt und schützt sich mit dem edlen Image seiner Gesellschaft, bei denen sich die vermeintlich besten Kandidaten schon von alleine melden. Er ist es gewohnt, auf Vorstands- und Aufsichtsratebene zu verkaufen und in diesen Kreisen durchaus anerkannt. Kreative Ideen für eine Suche in unorthodoxen Gefilden oder gar systematisches Research sind eher nicht sein Ding.

Weiterhin gibt es den Boutiquen-Partner, der oft in größeren, strukturierten internationalen Personalberatungsnetzwerken gelernt hat, aber unternehmerische und wirtschaftliche Freiheit sucht und nun von wenigen, oft langjährigen Auftraggebern abhängt, für die er sich deshalb überdurchschnittlich engagiert.

Der sechste Typ ist der Einzelkämpfer. Hier gibt es zwei Klassen. Da ist einmal der ehemalige Linien-Manager, der aus welchen Gründen auch immer, mehr oder weniger plötzlich seinen letzten Arbeitgeber verlassen hat, schon reiferen Alters ist und seine Chance als Personalberater sieht. Meist ist er lange in einer Branche aktiv gewesen, kennt viele und glaubt deshalb „von der Bettkante aus" manch eine Besetzungsempfehlung geben zu können. Klappt es nicht sofort, ist er mangels Unterstützung und auch mangels Know-how bald am Ende seiner Weisheit.

Ein ganz anderes Niveau findet sich in Form des einzelkämpferischen Grandseigneurs, der sich nach vielen Jahren im etablierten Personalberatungsgeschäft auf eigene Beine gestellt hat und Kandidaten auf höchstem Niveau vermittelt. Meist schon jenseits der 60 ist er gesellschaftlich sehr gut verdrahtet, in den Kreisen der Großunternehmen bekannt und in der Lage, für die Besetzung von Vorstandspositionen (manchmal auch ungefragt) Vorschläge zu machen. Diese Art der Geschäftätigkeit kann kaum als Personalberatung bezeichnet werden, da kein systematischer, iterativer Prozess bis zur Problemlösung geliefert wird.

In allen beschriebenen Profilen (am wenigsten noch bei den alten Hasen und den Grandseigneurs) finden sich Frauen, obwohl im Personalberatungsgeschäft die Männer immer noch den überwiegenden Anteil haben.

Ideal-Typ des Personalberaters

Jeder Auftraggeber wird sich seinen idealen Personalberater aus dem reichhaltigen Angebot der Möglichkeiten aussuchen. Entscheidend dafür ist die persönliche Situation des Auftraggebers.

Der Konzernsoldat aus dem Personalwesen des internationalen Großkonzerns wird eher zur konzernartigen Search Factory gehen, mit der womöglich ein Rahmenabkommen besteht, so dass er sich innerhalb von anerkannten Konzernregeln bewegt und sein „politisches" Risiko begrenzt.

Aber auch die „edle" Gesellschaft mit den elitären Beratern ist für höhere Positionen seine Wahl. Tenor: Wenn es die nicht können, wer soll es dann können!

Andere Erwartungen hat meist der Mittelständler. Ist der Gründer-Unternehmer involviert, vertraut dieser meist eher einer Persönlichkeit, die über eine langjährige Beratungs- und Lebenserfahrung verfügt, eine eigene Meinung hat und diese auch deutlich äußert sowie unabhängig von der dahinter stehenden Organisation qua Charisma und Augenhöhe seine Anerkennung bekommt. Solche Persönlichkeiten gibt es in unterschiedlichen „Ecken" des Personalberatungsmarktes.

Generell neigen Großunternehmen dazu, Großunternehmen der Personalberatung oder für die Top-Positionen den Grandseigneur (auch altersmäßig passend zum Aufsichtsratsvorsitzenden) zu wählen, während im Mittelstand gerade die individuelle Person des Beraters – egal aus welcher Organisation – die größere Rolle spielt. Hier kommen deshalb durchaus Boutiquen und Einzelkämpfer ins Geschäft.

Eine Sonderform ist das Start-Up-Unternehmen. Die meist jungen Gründer legen auch bei der Suche nach Managern Wert auf die schnelle und unbürokratische Lösung. Hier haben Fleisch-Händler manchmal Erfolg, aber auch die Search Factories, da diese über sehr junge und die Sprache der Start-Ups sprechende Junior-Berater verfügen.

Methoden zur Auswahl des Personalberaters

5

Internetrecherche/Jobbörsen

Wenn man etwas nicht weiß, wird heutzutage allgemein im Internet recherchiert. Bei der Suche nach einem passenden Personalberater könnte dies deshalb auch nützlich sein. Leider kommt dabei (neben bezahlten Anzeigen) allerlei Buntes heraus.

Besser ist es, hier gezielter vorzugehen und beispielsweise die Berufsverbände AESC oder BDU zu im Internet zu recherchieren. Hierbei handelt es sich zum einen um den weltweiten Berufsverband der Executive Search-Firmen (Association of Executive Search Consultants), der kurz nach dem 2. Weltkrieg als American Association of Executive Search Consultants gegründet worden ist. Mitglied in diesem Verband können nur Unternehmen werden, die auf die Direktsuche mit weitgehend erfolgsunabhängigen Honoraren spezialisiert sind und die eine internationale Präsenz vorweisen können. Deshalb kann die Mitgliedschaft im AESC auch ein Indiz für Professionalität sein und als ein Auswahlkriterium dienen. Eine aktuelle Liste der deutschen Mitglieder findet sich in Abschn. 11.

Der Berufsverband der Unternehmensberater (BDU) hatte ursprünglich keine Personalberatungsunternehmen als Mitglieder. Seit inzwischen schon längerer Zeit hat man dies allerdings geändert. Hier finden sich auch einzelne Personen als Mitglieder und viele Klein- und Kleinst-Unternehmen, von denen wiederum viele ein breites Angebot von Dienstleistungen rund um alles, was die Personalabteilungen der Klienten „kaufen" könnten, anbieten.

Bei beiden Verbänden findet sich eine Mitgliederliste, die man dann durcharbeiten muss.

Eine noch spezifischere Anfrage hilft hier weiter. Wenn man beispielsweise „Personalberatung Mittelstand Logistik" in die Suchmaschine eingibt, findet man Ansätze. Es sind jedoch aufwändige, weitere Recherchen notwendig.

R. Dahlems, *Personalberater erfolgreich auswählen und führen*,
DOI 10.1007/978-3-658-03418-4_5, © Springer Fachmedien Wiesbaden 2014

Auf den Internetseiten der Personalberatungsgesellschaften findet man in der Regel die Lebensläufe der Partner sowie deren funktionale und branchenmäßige Schwerpunkte. Hier kann man sich dann eine Auswahl zusammenstellen und weiter abarbeiten (Anruf, Interview, Referenzen etc.).

Interessant sind auch Jobbörsen im Internet (zum Beispiel Stepstone, monster, experteer) für die Suche nach einem passenden Personalberater. Besucht man entsprechende Seiten und selektiert nach Branchen oder Positionsbezeichnungen stößt man auf Personalberatungsgesellschaften, die bei anderen Unternehmen vergleichbare Positionen besetzen und in den Jobbörsen Anzeigen schalten, um die Suche zu unterstützen. Es lohnt sich vielleicht, mit den entsprechenden Beratern Kontakt aufzunehmen. Einschränkend sei darauf hingewiesen, dass die größeren und bedeutenderen Personalberatungsgesellschaften hinsichtlich solcher Anzeigen eher zurückhaltend sind, da sie mit ihrem Qualitätsversprechen und den vorhandenen Ressourcen den Königsweg des echten Executive Searchs gehen.

Empfehlungen/Referenzen

Valide Informationen über die Qualität von Personalberatern erhält man durch Empfehlungen. Da eine Dienstleistung wie die Personalberatung nur zu beurteilen ist, wenn man sie „erlebt" hat, sind solche Erfahrungen besonders aussagefähig, besonders dann, wenn sie von Menschen kommen, die man kennt und auf deren Beurteilungsfähigkeit man vertraut.

Gute Referenzen, die man persönlich bei Personen einholt, die mit dem Personalberater Erfahrungen sammeln konnten, haben ein hohes Gewicht.

Vermittler von Personalberatern

Für diejenigen, die sich nicht durch die Informationsflut kämpfen wollen, gibt es Vermittler, die den Personalberatermarkt gut zu kennen vorgeben und passende Berater vorschlagen. Dafür erwartet der Vermittler ein Honorar vom vermittelten Personalberater und/oder vom Auftraggeber, in etwa wie ein Immobilienmakler.

Der Vorteil dieser Vorgehensweise ist, dass einem viel Recherchearbeit abgenommen wird. Der Hauptnachteil ist die nicht vollständige Markttransparenz, die der Vermittler über die Personalberatungen hat. Seine Vorschläge bleiben letztlich Kompromisse und zudem sind sie manchmal auch subjektiv oder durch monetäre Anreize einzelner Personalberater „gefärbt".

Auswahl-Interview: Gute Fragen – schlechte Fragen

Ob ein Mensch klug ist, erkennt man an seinen Antworten.
Ob ein Mensch weise ist, erkennt man an seinen Fragen.
Nagib Mahfuz
(1911–2006)
Ägyptischer Literatur-Nobelpreisträger

Im Auswahl-Interview geht es um die fachliche Kompetenz des Personalberaters einerseits und die persönliche „Passform" zur Kultur des auftragsgebenden Unternehmens sowie zur Persönlichkeit des Auftraggebers.

Notwendige Branchenkenntnisse oder das Verständnis der zu besetzenden Funktion können im Gespräch leicht herausgefunden werden. Hat man gemeinsame Bekannte in der Branche? Weiß der Personalberater wie die Branche „läuft", was die Markt- und Produkttrends sind? Kennt er die wichtigsten Teilaufgaben der zu besetzenden Funktion und sind die Schnittstellen zu anderen Aktionsfeldern des Unternehmens geläufig?

Es ist dabei ein Qualitäts-Kriterium, wie gut vorbereitet ein Personalberater zur Besprechung eines ersten Auftrages erscheint. Hat er sich mit dem Unternehmen beschäftigt und die Internet-Seiten studiert? Hat er vielleicht schon Medien-Recherchen angestellt, um aus der Außensicht von Journalisten und Kommentatoren mehr zu erfahren? Was hat er in den sozialen Medien gelesen?

Schwieriger sind die Fragen des kulturellen Verständnisses und des persönlichen Fits. Darauf kommt es jedoch besonders an, denn Fachleute gibt es oft mehr als im persönlichen Bereich passende Konstellationen. Hier kann eine Diskussion über Fragen des Führungsstils und den generellen Umgang mit Mitarbeitern oder über Nachhaltigkeit oder Frauen im Management interessante Ergebnisse liefern. Nach Stärken und Schwächen sollte man aber nicht fragen, denn darauf hat der Personalberater sehr gewinnende Antworten sofort parat.

Ein besonders überzeugendes Argument dafür, dass der Personalberater der richtige sein könnte, ist, wenn man das Gefühl hat, der Personalberater könnte kulturell gut in das Managementteam des Auftraggebers passen.

Shoot-out: Sinn und Unsinn

Besonders in Großunternehmen gibt es die Regel, dass für jede über Personalberatungen zu besetzende Position ein Vergleich von mehreren Personalberatungsanbietern zu erfolgen hat. Die Verantwortlichen laden dann Personalberater zu einer Präsentation ein, wobei meist mehrere hintereinander „vorsingen" müssen. Dies wird auch Shoot-out genannt.

Da in der Regel keine besonderen Honorarunterschiede bei den führenden Personalberatungen feststellbar sind, geht es beim Shoot-out meist um andere Fragen.

Natürlich lädt man nur Unternehmen ein, die positiv vorbewertet sind, d. h. über vergleichbare Erfahrungen wie für die Besetzung der Position notwendig, verfügen. Es geht dann im Shoot-out um die Persönlichkeit des für die Abwicklung des Projektes vorgesehenen Consultant und um einige „key performance indicators (KPI)":

- Wie lange dauert eine Besetzung?
- Wie hoch ist die Erfolgsquote?
- Wie viele Kandidaten werden nach welcher Such- und Selektionszeit präsentiert?
- Wie groß ist die Datenbank?
- Wie viele Researcher werden beschäftigt; sind sie festangestellt und welche Ausbildung haben sie?
- Wie viele vergleichbare Positionen wurden schon besetzt?

Alle diese Fragen haben den Nachteil, dass die Antworten des Personalberaters nicht nachprüfbar sind und er zudem aus vielen Präsentationen eine sehr große Routine darin hat. Je nach Mut wird er also für alles positive Zahlen nennen, die dem potentiellen Auftraggeber wenig helfen. Allerdings lernt man etwas über die Person des Personalberaters, wenn man beobachtet, wie er seine Antworten gibt und wie gut er sie verkauft. Entsprechend wird er nämlich den zukünftigen Kandidaten das Unternehmen des Auftraggebers und die Position verkaufen können.

Insofern ist der Erkenntnisgewinn eines Shoot-outs begrenzt und meistens wählen die Beteiligten dann doch entweder denjenigen, den man schon einmal positiv erprobt hatte oder denjenigen, der die größten Versprechungen gemacht hatte.

Erwartungen an den Personalberater

6

Die größte Ehre, die man einem Menschen antun kann,
ist die, dass man zu ihm Vertrauen hat.
Matthias Claudius
(1740–1815)
Deutscher Dichter und Journalist

Vertrauenswürdigkeit und Ehrlichkeit

Bei der Besetzung von Führungspositionen ist eine vertrauliche Behandlung dringend geboten. Vielleicht ist die zu besetzende Position noch von jemandem bekleidet oder es handelt sich um eine Aufgabe, die erst nach einer zukünftigen Umorganisation entsteht, die aber im Unternehmen noch nicht bekannt ist, oder der Wettbewerb des Unternehmens soll über die Neu-Besetzung aus strategischen Gründen nichts erfahren. Vielleicht will man ja auch direkt beim Wettbewerb rekrutieren.

Der Personalberater und seine Mitarbeiter können dann am Markt nicht offen agieren, müssen den Klienten anonym halten und alle Beteiligten auf Vertraulichkeit verpflichten. Erst zu einem späteren Zeitpunkt des Such- und Auswahl-Prozesses, in den wenigen persönlichen Gesprächen des Personalberaters mit vorselektierten Kandidaten, wird dann der Name des Unternehmens bekannt gegeben.

Sehr wichtig ist aber auch die andere Seite, nämlich der diskrete Umgang mit den Kandidaten. Nahezu alle interessanten Kandidaten befinden sich in einem laufenden Arbeitsverhältnis. Die Kommunikation des Personalberaters mit Kandidaten hat dies zu berücksichtigen und entsprechend die Vertraulichkeit zu wahren. Dies beginnt bei der vorsichtigen, telefonischen Erst-Ansprache am Arbeitsplatz mit den bekannten Worten: „Können Sie sprechen oder ist es jetzt ungünstig?"

R. Dahlems, *Personalberater erfolgreich auswählen und führen,*
DOI 10.1007/978-3-658-03418-4_6, © Springer Fachmedien Wiesbaden 2014

Auch das persönliche Gespräch mit dem Personalberater bedarf der Vertraulichkeit. Man kann nicht in einem x-beliebigen Café mit dichtbesetzten Tischen seinen Lebenslauf ausbreiten, etwas von seiner Persönlichkeit preisgeben und über sein Einkommen reden.

Deshalb finden solche Gespräche in der Regel in den Räumen des Personalberaters, in extra angemieteten Besprechungszimmern von Hotels oder Konferenzzentren oder in dafür besonders geeigneten großen Hotel-Lobbys statt.

In dem Zusammenhang ist es für den Auftraggeber des Personalberaters durchaus interessant, den Kandidaten einmal danach zu fragen, wo der Personalberater ihn getroffen hat und wie der Kandidat die Vertraulichkeit empfunden hat.

Die Ehrlichkeit des Personalberaters kann man an mehreren Punkten des Prozesses beurteilen.

Hält er, was er verspricht? Hat er nach 4 Wochen gute Kandidaten vorzuweisen? Sind die Kandidaten vom Personalberater nachvollziehbar beurteilt und beschrieben? Werden vereinbarte Präsentationstermine von Kandidaten und Personalberater eingehalten? Sind Probleme der Kandidaten (ist schon freigestellt, will nicht umziehen, hat eine sehr lange Kündigungsfrist, hat eine landsmannschaftliche Sprachfärbung, spricht nicht wirklich gutes Englisch etc.) von vornherein dem Auftraggeber mitgeteilt? Wird dem Auftraggeber bei Problemen das gesuchte Profil zu finden dies frühzeitig mitgeteilt und werden direkt Problemlösungen angeboten? Wird eine Referenzauskunft über einen Kandidaten mit allen vom Referenzgeber erwähnten Stärken und Schwächen dargestellt?

> Wir schätzen die Menschen, die frisch und offen ihre Meinung sagen,
> vorausgesetzt, sie meinen dasselbe wie wir
> Mark Twain
> (1835–1910)
> US-amerikanischer Schriftsteller

Darüber hinaus gibt es aber noch eine andere Ehrlichkeit des Personalberaters, nämlich eine eigene Meinung zu haben und diese auch dem Klienten mitzuteilen. Das beginnt schon bei der Hinführung zum Realismus, mit dem der Auftraggeber die gesuchte Person beschreibt („five-legged sheep"). Der Personalberater hat in der Regel eine sehr gute Marktkenntnis und kann mit einer ehrlichen Meinung verhindern, dass man nach jemandem sucht, den es gar nicht gibt. Auch in der Diskussion über die Qualität der präsentierten Kandidaten kann der Personalberater sein eigenes, abgewogenes und ehrliches Urteil einbringen.

Der gute Personalberater wird dabei nicht jeden Kandidaten auf „Teufel komm raus" verteidigen, sondern auch mal einen Kandidaten zurückziehen. Zwar bedeutet dies für ihn mehr Arbeit, führt aber in der Regel zu stabileren Besetzungen.

Förderung des Klienten-Images

Der Personalberater tritt für den Auftraggeber in der Öffentlichkeit der Kandidaten auf. Der Auftraggeber hat mit der Auftragserteilung zum Ausdruck gebracht: Dem vertraue ich, der kann mein Unternehmen vertreten, er hat unsere Werte und meine Persönlichkeit verstanden.

Natürlich ist es im Sinne der oben zitierten Ehrlichkeit notwendig, den Kandidaten auch gewisse Schwächen des Auftraggebers zu vermitteln. In erster Linie geht es aber darum, den Klienten glänzen zu lassen, Begeisterung für den Klienten deutlich zu machen, ein optimistisches und freundliches Bild vom Klienten und auch von der den Auftrag gebenden Person zu vermitteln.

Dass der Personalberater dazu in der Lage ist, sollte schon im Briefing-Gespräch klar werden. Bei langjährigen Klienten versteht sich dies von selbst, bei Erst-Aufträgen muss darauf geachtet werden. Eine gute Vorbereitung des Personalberaters auf den Klienten heißt, dass man Produkte und Märkte kennt, die wichtigsten Finanzzahlen kennt und die Hauptakteure namentlich bekannt sind.

Es dürfte zweifelhaft sein, ob ein nichtrauchender Personalberater den Zigaretten-Hersteller überzeugend vertreten kann, der Anti-Alkoholiker den Schnaps-Fabrikanten und der Vegetarier die Wurst-Fabrik.

Einem guten Personalberater gelingt es aber, das Klienten-Image positiv und leuchtend in die Schar der Kandidaten zu tragen, damit einen guten Eindruck zu erzeugen und auf diese Art einen Mehrwert zu schaffen.

Unkomplizierte Abwicklung und Kommunikation

Vom Personalberater wird Prozesssicherheit bei der Abwicklung inklusive der notwendigen Iterationen und einer stets gefüllten „Pipeline" erwartet.

Dabei führt der Personalberater ordentliche Projektakten, hat jedem Projekt klar zugeordnete Mitarbeiter und kennt Projekt-Milestones. Der Personalberater und sein Büro organisieren und koordinieren zügig alle Termine und Reisen, produzieren schnell und gut lesbare Berichte über Kandidaten, kommunizieren direkt und unkompliziert mit den Entscheidungsträgern auf der Klienten-Seite auf Augenhöhe. Natürlich wird erwartet, dass der Personalberater zeitlich flexibel auf die Terminvorschläge (für Kandidaten-Präsentationen) des Klienten eingeht, verfügbar ist und auch die Kandidaten dazu bringt, alles zu versuchen, auf Klienten-Termine einzugehen. Hier ist oft das „back-office" des Personalberaters extrem wichtig, insbesondere die Projekt-Assistentin. Der Personalberater muss stets der „Herr des Prozesses" sein, der den Klienten sanft steuert und leitet.

Der Personalberater hat auch die Aufgabe, den Prozess dynamisch zu halten und auf schnelle Termine zu drängen. Er muss beim Klienten Entscheidungen abfordern.

Trotzdem ist Geduld gefordert. Die Gesprächspartner auf Klienten-Seite und auch die Kandidaten müssen ihr „running business" parallel zum Auswahlprozess weiter betreiben. Dass dies bei bestem Willen zu einer erheblichen Projektdauer führen kann, zeigt die nachfolgende Fallstudie: „Lang aber gelungen".

Fallstudie: Lang, aber gelungen
Projekt: Director Research & Development m/w
Kurzbeschreibung der Position:

- Berichtet an den Geschäftsführer/COO
- Hat ca. 500 Mitarbeiter
- Hauptaufgaben: Überarbeitung der Organisation und der Prozesse, Verbesserung der Zusammenarbeit mit Einkauf, Produktion, Zulieferer, Erhöhung der Innovation

Klient:

- Führendes, deutsches Maschinenbau-Familienunternehmen in Hessen
- Management gehört nicht zur Familie
- ca. € 3 Mrd. Umsatz, 15.000 Mitarbeiter
- 15 Werke in Europa, Asien, USA
- Entwicklungsabteilungen in Deutschland, Spanien, Frankreich, Großbritannien, Türkei, China, USA

Suchfeld Direkter Wettbewerb; Automobilhersteller und Zulieferer

Projektablauf

Ende Juli 2011	Briefing des Personalberaters, der schon länger für die Unternehmensgruppe tätig ist, durch den Geschäftsführer und den Personaldirektor in einem persönlichen Gespräch im Hause des Klienten mit Übergabe und Diskussion der Organigramme sowie Diskussion des gewünschten Kandidatenprofils
August 2011	Durchführung des Suchprozesses, Erarbeitung der Shortlist der besten Kandidaten, persönliche Interviews von 10 Kandidaten durch den Personalberater
Ende August 2011	Übersendung von 3 vertraulichen Berichten („Shortlist") über empfohlene Kandidaten an den Klienten
Anfang September 2011	Terminvorschläge des Klienten für 2 Interviews Ende September/Anfang Oktober

Ende September 2011	Zwei Interviews mit Geschäftsführer und Personaldirektor im Beisein des Personalberaters
Ende September 2011	Rebriefing des Klienten über die Eindrücke der Kandidaten; beide wollen weitermachen
Mitte Oktober 2011	Interview mit drittem Kandidaten erst jetzt wegen Terminproblemen des Kandidaten; mit Geschäftsführer und Personaldirektor im Beisein des Personalberaters
Mitte Oktober 2011	Personalberater findet noch einen vierten, sehr interessanten Kandidaten und übersendet Vertraulichen Bericht
Mitte Oktober 2011	Vierter Kandidat zum Interview mit Geschäftsführer und Personaldirektor im Beisein des Personalberaters
Ende Oktober 2011	Abendessen (getrennt voneinander) der beiden besten Kandidaten mit dem Geschäftsführer (ohne den Personalberater)
Ende Oktober 2011	Absage an den dritten und vierten Kandidaten durch den Personalberater
Mitte November 2011	Präsentation der beiden besten Kandidaten vor allen Geschäftsführern im Beisein des Personalberaters
Anfang Dezember 2011	Vorstellung (auf dem Papier) des ausgewählten Kandidaten bei den Familien-Eigentümern (ohne Personalberater) durch die Geschäftsführer Da der Kandidat vom direkten Wettbewerber ist, Veto der Familie
Anfang Januar 2012	Re-Start des Projektes; telefonisches neues Briefing des Personalberaters mit dem Geschäftsführer zur Suchstrategie
Januar 2012	Durchführung des Suchprozesses, Erarbeitung der Shortlist der besten Kandidaten, persönliche Interviews von 9 Kandidaten durch den Personalberater
Anfang Februar 2012	Übersendung von vertraulichen Berichten über die vier besten Kandidaten (Shortlist)
Ende Februar 2012	Interviews von 2 Kandidaten durch den Geschäftsführer und den Personaldirektor im Beisein des Personalberaters
Mitte März 2012	Interview mit 2 weiteren Kandidaten (Terminprobleme) durch den Geschäftsführer und den Personaldirektor im Beisein des Personalberaters

Mitte März 2012	Absage an 3 Kandidaten durch den Personalberater
Mitte April 2012	Präsentation des besten Kandidaten vor allen Geschäftsführern im Beisein des Personalberaters (erst zu diesem Zeitpunkt, da ein Termin mit allen Geschäftsführern nicht früher möglich war); Klient will ihn einstellen
Anfang Mai 2012	Vertragsentwurf durch Klient an den Kandidaten
Mitte Mai 2012	Vertragsverhandlungen
Ende Mai 2012	Einverständnis der Eigentümer-Familie erhalten; Vertrag ist geschlossen
Oktober 2012	Voraussichtliche Arbeitsaufnahme des eingestellten Kandidaten

Kommentar Ein sehr lange dauerndes Projekt wird nach fast einem Jahr erfolgreich beendet. Die Laufzeit ist deshalb so lang, weil zweimal das gleiche Projekt durchgeführt werden musste.

Dass die Eigentümer-Familie niemanden aus dem direkten Wettbewerb wollte, hatten alle Beteiligten (auch auf der Klienten-Seite) so nicht im Blick gehabt.

Die Terminierung erfolgte während der gesamten Projektdauer zügig. Der Geschäftsführer nahm sich trotz enormer Arbeitsbelastung die Zeit, auch in einem mehr informalen Rahmen die besten Kandidaten zum Abendessen zu treffen. Die Entscheidungsgeschwindigkeit des Klienten war hoch. Unmittelbar nach den Interviews hat er klar gesagt, ob er sich mit dem jeweiligen Kandidaten weiter beschäftigen wollte oder nicht. Gleiches gilt für die gesamte Geschäftsführung. Der eingestellte Kandidat erfüllte 90 % der Anforderungen und war damit für den Klienten ausreichend, sodass er nicht weiter nach dem Kandidaten mit dem 100-Prozent-Profil suchte.

Die offene und ehrliche Kommunikation zwischen Klient und Personalberater hat das Projekt stets in Balance gehalten und ein gutes und sicheres Gefühl auf allen Seiten (auch bei den Kandidaten) erzeugt.

Gute Betreuung der Kandidaten

Von einer guten Betreuung der Kandidaten hat zunächst einmal der Kandidat etwas. Er will wissen, wo er im Laufe des Projektes steht. Kann er damit rechnen, zu einem persönlichen Gespräch mit dem Personalberater eingeladen zu werden? Ist er einer der wenigen, die der Personalberater seinem Klienten zur Präsentation vorschlägt? Will der Klient ihn sehen? Wie war denn die Präsentation? Ist er in der End-Auswahl? Gibt es ein zweites Gespräch?

Alle diese Fragen müssen der Personalberater und sein Team beantworten. Dabei kommt es darauf an, geschickt zu jeder Zeit das Interesse des Kandidaten hochzuhalten, ihm Zeitverzögerungen zu erklären und ihm auch zu sagen, wenn er „aus dem Rennen" ist. Gerade das letzte fällt vielen Personalberatern schwer, denn wer überbringt schon gerne schlechte Nachrichten? Deshalb schweigen viele Personalberater an dieser Stelle und lassen den Kandidaten wie eine „heiße Kartoffel" fallen. Plötzlich sind sie auch auf Nachfrage nicht mehr zu sprechen.

Da dies nicht nur ein schlechtes Licht auf den Personalberater sondern auch auf den dahinter stehenden Klienten wirft, ist die gute Betreuung der Kandidaten ein Faktor, auf den der Klient bei der Auswahl des Personalberaters unbedingt achten sollte. Arbeitet der Klient zum ersten Mal mit einem Personalberater zusammen, wird er erst im Laufe des Projektes erfahren, wie gut die Kandidaten sich betreut gefühlt haben. Bei Problemen sollte dies unbedingt beim De-Briefing mit dem Personalberater angesprochen werden.

Garantien

Branchenüblich sind heute eine Projekt-Fertigstellungsgarantie sowie eine Wiederbesetzungsgarantie.

Dem Klienten wird im ersten Fall versprochen, das Projekt zum vereinbarten Honorar so lange zu bearbeiten bis ein Placement erfolgt ist. Diese gilt allerdings nur dann, wenn die Randbedingungen sich nicht ändern. Überlegt der Klient sich während des Projektes eine andere Organisation und damit eine andere Rolle der gesuchten Person, gilt diese Garantie natürlich nicht. Ebenso wird man nicht darüber reden müssen, wenn der Klient von sich aus das Projekt endlos hinzieht, weil er jetzt doch nicht besetzen will oder später besetzen möchte, wenn dann die aktuellen Kandidaten möglicherweise weg sind und der Personalberater das Ganze neu aufsetzen muss.

In solchen Fällen ist der Klient auch verpflichtet, die eventuell vom Projektfortschritt abhängig gemachte zweite und dritte Rate des Honorars zu bezahlen, da der Personalberater seine Leistung erbracht hat.

Die Wiederbesetzungsgarantie ohne erneute Honorarforderungen (nur Spesen) greift, wenn ein platzierter Kandidat die Position gar nicht antritt (geschieht allerdings selten) oder wenn er innerhalb eines bestimmten Zeitraumes (meist 6 Monate) nach Arbeitsaufnahme ausscheidet.

Auch hier gilt diese Garantie nicht, wenn es nicht in der Person des Eingestellten liegt, zum Beispiel wegen einer Organisationsveränderung oder wegen eines neuen Vorgesetzten.

Führen des Personalberaters

7

Mit dem Wissen wächst der Zweifel.
Johann Wolfgang von Goethe
(1749–1832)
Deutscher Dichter

Briefing des Personalberaters – wissen, was man will

Hat man sich für einen Personalberater entschieden, ist es sinnvoll, dass dieser ein Gespräch mit dem Fachvorgesetzten und/oder der Geschäftsführung der zu besetzenden Position sowie einem Vertreter des Personalbereiches führt. Dieses Briefing ist sehr unterschiedlich intensiv, je nachdem, ob der Personalberater bereits Projekte für den Klienten durchgeführt hat oder nicht.

War er schon tätig, ist er meistens mit der Kultur des Klienten vertraut, mit dem konkreten Besetzungsbedarf (Funktion, Aufgabenbereich, Organisation) aber nicht unbedingt. In größeren Unternehmen mit vielen unterschiedlichen Bereichen gibt es eine Vielzahl unterschiedlicher Bereichsleiter, die Fachvorgesetzte der jeweiligen zu besetzenden Position sind. Es macht Sinn, dass der Personalberater deren Persönlichkeit kennenlernt, um von vorne herein eine gute Passform der Kandidaten in dieser Hinsicht zu erreichen.

Bei dem Briefing-Gespräch geht es um:

- die genaue Beschreibung der Position und die Motive der Besetzung (zum Beispiel Pensionierung/Versetzung/Kündigung des Stelleninhabers/Reorganisation)
- Überlegungen zur jetzigen Tätigkeit des idealen Kandidaten (Branche, Funktion, Region, Größe der Verantwortung etc.)
- Gewünschte Persönlichkeitsmerkmale des idealen Kandidaten sowie dessen Lebens- und Führungserfahrung

R. Dahlems, *Personalberater erfolgreich auswählen und führen*,
DOI 10.1007/978-3-658-03418-4_7, © Springer Fachmedien Wiesbaden 2014

- Notwendige fachliche Kenntnisse und fachliche Erfahrungen des idealen Kandidaten inkl. Sprachkenntnisse
- Randbedingungen wie Einkommen, Titel, Nebenleistungen (Auto, Pension etc.), gewünschter Eintritt, Vertragsart (auf Zeit oder Ende offen), Wohnort (ist zum Beispiel Wochenend-Pendeln akzeptiert?)

Falls der Personalberater zum ersten Mal tätig wird, sind Fragen zur Unternehmensstrategie des Klienten und dessen Kultur ebenfalls zu erörtern.

Informationsverhalten des Klienten

Sage nicht alles, was du weißt, aber wisse alles, was Du sagst.
Matthias Claudius
(1740–1815)
Deutscher Dichter und Journalist

Der Klient kann den Personalberater unterschiedlich ins Vertrauen ziehen, indem er ihm ehrlich und offen alle relevanten Informationen inklusive seiner verborgenen Motive und Absichten mitteilt oder auch nicht.

Der Personalberater wird im ersten Fall in der Lage sein, die vorgeschlagenen Kandidaten auch auf noch nicht offen kommunizierte zukünftige Entwicklungen hin aussuchen. Dabei wird er mit den vertraulichen Informationen diskret umgehen, insgesamt aber ein besseres Ergebnis liefern.

Im Laufe eines Projektes verändern sich manchmal organisatorische oder sogar strategische Überlegungen des Klienten. Die schnellstmögliche Information darüber ist für die Ergebnisqualität des Personalberaters sehr wichtig. Zudem hilft dies, den Kandidaten nicht etwas Falsches zur erzählen. Denn eine Diskrepanz zwischen der Darstellung des Personalberaters und der späteren Darstellung des Klienten führt nur zur Verunsicherung der Kandidaten (und lässt zudem den Personalberater schlecht aussehen).

Auch plötzlich intern oder extern auftauchende Kandidaten sollten dem Personalberater bekanntgemacht werden. Er kann sie in seinen Prozess mit einbinden und ein Urteil abgeben.

Sehr ungern erlebt der Personalberater auch, dass sein Auftraggeber schon beim Briefing oder kurz danach weiß, dass er bald das Unternehmen verlassen wird. Vielleicht gibt es ja schon einen potentiellen Nachfolger auf dessen Persönlichkeit der Personalberater Kandidaten einstimmen könnte.

Insgesamt ist eine offene und ehrliche Kommunikation auf Augenhöhe für alle Beteiligten zu empfehlen.

Vertrauen und Erfahrung: kurze Leine – lange Leine

Die Erfahrungen sind wie Samenkörner,
aus denen die Klugheit empor wächst.
Konrad Adenauer
(1876–1967)
Erster Bundeskanzler der Bundesrepublik Deutschland

In der Praxis gibt es eine sehr unterschiedliche Intensität der Steuerung des Personalberaters durch den Auftraggeber. Zunächst hängt diese davon ab, ob es schon einschlägige Erfahrungen mit den Prozessen bei Personalberatung generell gibt und ob man mit der Person des beauftragten Personalberaters (nicht allgemein mit dem beauftragten Personalberatungsunternehmen) bereits in der Vergangenheit gute Erfahrungen gemacht hat.

Zum anderen gibt es teils umfangreiche Regeln für die Zusammenarbeit mit Personalberatern, vor allem in größeren Unternehmen. Da werden Milestones definiert:

• Vorlage einer sogenannten „Zielgruppenliste" von Unternehmen, in denen der Personalberater sucht (zum Beispiel nach 7 Tagen)
• Wöchentliche Berichte über die Aktivitäten (Anzahl angesprochener Kandidaten, Reaktionen potentieller Kandidaten auf die Position, Struktur-Probleme der Kandidaten-Gesamtheit, zum Beispiel hoher Altersdurchschnitt, geringe Akademisierung, regionale Konzentration ohne Umzugsbereitschaft)
• Vorlage einer sogenannten „short-list" nach 4–6 Wochen mit der Nennung von 3–5 konkreten, interessierten und wechselbereiten Kandidaten, die in hohem Maße dem gesuchten Profil entsprechen mit einer persönlichen Beurteilung durch den Personalberater
• Spiegel des Kandidaten-Marktes in Form von angetroffenen Gehalts- und Nebenleistungsprofilen

Solche klaren Vorgaben sind zwar für den Personalberater mit Aufwand verbunden, bringen ihn jedoch dazu, seine Aufgabe ernsthaft und mit Nachdruck anzugehen.

Andererseits haben die etablierten und renommierten Personalberatungsgesellschaften oftmals genau solche internen Prozess-Vorgaben für jedes Projekt. Da in der Regel parallel mehrere Personalberatungsprojekte, zum Teil für unterschiedliche Klienten, zum Teil sogar in unterschiedlichen Branchen bearbeitet werden, hilft ein solches strukturiertes Vorgehen dabei, sich nicht in der Vielfalt zu verlieren.

Es ist wichtig und manchmal sehr hilfreich, dem Personalberater Raum für Kreativität bei der Suche zu geben, ihn auch ungewöhnliche Wege gehen zu lassen und damit zu spannenden Kandidaten zu kommen, die man so nicht selbst gesucht hätte.

Als Illustration soll die nachfolgende Fallstudie dienen.

Fallstudie: Ganz andere Perspektiven

Projekt: Nachfolgesuche Der Geschäftsführer des Aus- und Weiterbildungsinstitutes der Verbände der Möbel-Industrie in Nordrhein-Westfalen war schon über 25 Jahre sehr erfolgreich im Amt. Man hatte (und er selbst hatte auch) jetzt überraschend festgestellt, dass er mittlerweile 66 Jahre alt geworden war.

Es lag nahe, zunächst im Institut zu schauen, ob man einen passenden Nachfolger schon an Bord habe. Der Geschäftsführer war aber eine sehr starke, vielleicht sogar autoritäre Führungspersönlichkeit, so dass unter seinem Schatten nur „kleinere Pflänzchen" gewachsen waren.

Er hatte aber eine Idee. Bei einer angedachten und diskutierten Auslandserweiterung des Institutes war ihm kürzlich ein Unternehmensberater über den Weg gelaufen, dessen Persönlichkeit ihm sehr gut gefiel. Kurz entschlossen präsentierte er diese Person dem Beirat des Institutes, der aus hauptamtlichen und ehrenamtlichen Verbandsvertretern bestand. Leider fiel der Kandidat durch.

Jetzt musste ein Personalberater als Profi ran. Er sollte in den vielen Weiterbildungsinstituten diverser Richtungen gestandene Geschäftsführer oder eventuell Prokuristen aufspüren, diese für die Aufgabe begeistern und vorselektieren.

Etwa 2 Wochen nach Projektstart wurde dem Personalberater klar, dass die gewünschte Persönlichkeit im Bereich des Verbandswesens schwerlich zu finden war.

Der neue Geschäftsführer sollte nicht nur in die „großen Schuhe" des alten Geschäftsführers passen, sondern das Institut modernisieren und zukunftsfähig machen, weiter expandieren, etwa den über die Verbände beteiligten Unternehmen ins Ausland folgen.

Der Personalberater suchte deshalb einen anderen Weg und begann Vertriebsmanager des Möbelhandels anzusprechen. Dies war „nicht ohne", denn die meisten waren in Verbandsunternehmen tätig, so dass es sehr großer Diskretion bedurfte.

Schließlich konnte er zwei erfahrene Geschäftsführer anderer Institute und zwei Vertriebsmanager dem Beirat präsentieren. Der zunächst etwas skeptische Beirat war von der Dynamik und dem Gestaltungswillen der Vertriebsmanager angetan und man entschied sich, den besseren der beiden einzustellen.

Das Unternehmen, aus dem der Kandidat stammte, war nicht begeistert, sah aber ein, dass mit dem Wechsel in das Institut und dessen qualifizierter Leitung letztlich auch für das „abgebende" Unternehmen etwas Gutes heraus kommen würde.

Der eingestellte Kandidat hatte gute Gründe für diese Entscheidung. Er hatte schon erhebliche Management-Verantwortung getragen und auch Auslandstätigkeiten ausgeübt. In der alleinigen Instituts-Geschäftsführung übernahm er eine Aufgabe, die vom Handlungsspielraum und den Entscheidungsbefugnissen viel offener und befriedigender war als die Linienfunktionen vorher.

Die zuvor beschriebene „kurze Leine" wird bei zunehmend positiver Erfahrung über mehrere Projekte mit dem Personalberater immer länger. Man weiß sich in „guten Händen", hat Vertrauen und wenn es etwas länger dauert, wird der Personalberater gute Gründe haben. Ein guter Personalberater wird trotzdem seine Milestones im Griff haben und sich in die Person seines Auftraggebers versetzen. Er wird proaktiv informieren, wenn es irgendwo „klemmt", damit der Klient sich wohlfühlt.

Wie kurz oder lang die Leine des Personalberaters sein muss, kann der Auftraggeber daran festmachen, wie ihm die Quantität und die Qualität sowie die Ehrlichkeit der Kommunikation mit dem Personalberater gefallen. Hat er hier ein gutes Gefühl, bedarf es sicher nicht eines ständigen Hinterfragens.

Hintergrundwissen des Personalberaters nutzen

Schon beim Briefing-Gespräch mit dem Personalberater kann der Klient von dessen Hintergrundwissen profitieren. Oft hat der Personalberater eine ähnliche Suche für einen anderen Auftraggeber schon einmal durchgeführt. Hierbei hat er über das richtige Suchfeld (Branchen, Regionen, Hierarchie-Ebenen) schon viel erfahren. Es ist gut, dem Personalberater den Spielraum zu lassen, dort zu suchen, wo es nach seiner Meinung passt und nicht nur dort, wo der Klient meint.

Im Verlauf der Suche erfahren der Personalberater und seine Mitarbeiter viel über die „Szene", in der gesucht wird. Da gibt es Gerüchte über aufkommende wirtschaftliche Schwierigkeiten von Unternehmen, Informationen über das (schwierige oder gute) Führungsverhalten führender Köpfe einer Branche, über bevorstehende Übernahmen, den Wechsel von Führungskräften, internationale Strategien von Marktteilnehmern, Gehaltsstrukturen und Nebenleistungen sowie über Verkaufsabsichten und vieles mehr.

Manche Klienten nützen diese Informationen, indem sie mit dem Personalberater darüber reden oder ihm beim Briefing sogar klar sagen, dass sie proaktiv solche Informationen vom Personalberater erwarten.

Andere Klienten wiederum haben nur das Ergebnis des beauftragten Prozesses im Auge, nämlich die bestmögliche Besetzung der Position.

Auch in den Gesprächen mit den vom Personalberater vorgestellten Kandidaten kann der Klient viel über die „Szene" erfahren, wenn er sich die Mühe macht, die Gespräche dahin zu lenken. Dabei sind natürlich stets die Grenzen der Vertraulichkeit zu wahren, mit der ein Kandidat Interna seines aktuellen Arbeitgebers schützen muss.

Auswahl-Methoden abstimmen

Dem Personalberater sollten die Methoden bekannt sein, die der Klient für den weiteren Selektionsprozess der vorgestellten Kandidaten nutzt. Viele Auftraggeber gehen ausschließlich in eine Reihe von Interviews mit Fachvorgesetzten und Personalbereich. Andere dagegen haben noch weitere „Tools" zur Absicherung der Auswahl-Entscheidung.

Beliebt sind psychologische Verfahren oder Assessment Center. Bei älteren mittelständischen „Gründer-Unternehmern" kommt auch immer noch das graphologische
Gutachten vor.

Manche dieser Methoden stoßen bei erfahrenen Kandidaten auf Skepsis oder gar Ab-
lehnung. Wenn der Personalberater davon weiß, kann er die Kandidaten behutsam darauf
vorbereiten und überzeugen, daran teilzunehmen. Wird darauf nicht geachtet, schlägt er
eventuell Kandidaten vor, die solche Methoden verweigern und dann aus dem Rennen
sind. Viel Arbeit wurde dann nutzlos getan und unzufriedene Kandidaten und Klienten
bleiben zurück.

Dazu nachfolgend ein Beispiel aus der Praxis.

Fallstudie: Psychologie ist nicht alles
Projekt: Group Director Marketing Die Suche nach dem Group Director Marketing
für die ca. € 2 Mrd. umsetzende Unternehmensgruppe in Bayern verlief zunächst
planmäßig. Nach ca. 4–5 Wochen hatte der Personalberater die 8 Interviews mit
den interessantesten, vom Research Consultant vorselektierten Kandidaten erledigt.
Nun schlug er 3 Kandidaten zum Gespräch beim Klienten vor. Die Besonderheit
war hier, dass alleine der gerade neu ernannte Group Director Human Resources –
also ein Manager auf gleicher Hierarchie-Ebene wie die zu besetzende Position –
die Gespräche im Beisein des Personalberaters ohne den zuständigen Vorstand
durchführte.

Für die Kandidaten ist dies unbefriedigend, denn sie wollen natürlich ihren
zukünftigen Chef („Chemie") kennenlernen und etwas über seinen Führungsstil
erfahren, aus seinem Mund die Aufgaben beschrieben bekommen, die sie auf der
Position lösen sollen.

Gleichzeitig ist dies ein Zeichen für mangelndes Vertrauen in die Vorauswahl
des Personalberaters. Würde der Personalchef darauf vertrauen, könnte er gleich
mit dem Vorstand gemeinsam das Interview durchführen, denn er wäre sicher, dass
der Personalberater nur gute und sehenswerte Kandidaten vorschlägt und nicht die
Zeit der Beteiligten vergeudet.

Es war schnell nach den Interviews klar, dass einer der drei Kandidaten besonders
gut geeignet erschien. Der Personalchef wollte diesen Kandidaten (wie jeden Kandidaten, den das Unternehmen auf den drei obersten Führungsebenen einstellt) dem
Vorstand aber erst dann präsentieren, wenn der Kandidat ein Einzel-Assessment
bei einem Psychologen absolviert hatte. Damit wollte er mehr Sicherheit gewinnen,
dass er dem Vorstand auch einen „geprüften" Kandidaten präsentierte.

Der Kandidat ließ sich durch den Personalberater für das Assessment begeistern,
was bei „gestandenen" Managern nicht selbstverständlich ist, denn viele Kandidaten
dieser Kategorie lehnen solche Verfahren ab.

Der Personalberater bekam die Gelegenheit am Assessment passiv teilzunehmen.
Der Kandidat wurde zunächst in einem mehr als 3stündigen Interview intensiv

ausgefragt. Daran schlossen sich einige Tests an und zum Schluss musste der Kandidat eine Fallstudie bearbeiten und präsentieren.

Das psychologische Institut kam zu einem niederschmetternden Ergebnis: für die Aufgabe schlichtweg nicht geeignet, keine Analysefähigkeit, unzureichendes Führungsverhalten, nicht stressstabil.

Der Personalberater war erstaunt, hatten er und auch der Personalchef den Kandidaten doch genau umgekehrt beurteilt. Nach einiger Diskussion zwischen Personalberater und Personalchef wurde der Kandidat doch zu einem Gespräch mit dem Vorstand eingeladen. Dieser hatte einen hervorragenden Eindruck und entschied, den Kandidaten einzustellen.

Dieser ist nun seit mehreren Jahren für die Unternehmensgruppe tätig, hat sehr viel bewegt und arbeitet ungemein erfolgreich.

Der Personalchef aber schickt bis heute alle vorausgewählten Kandidaten zum selben psychologischen Institut.

Qualität und Quantität der Berichte über Kandidaten

Personalberater haben ein eingespieltes Format, wie ihre Berichte über die interviewten Kandidaten aussehen und was sie enthalten.

Das geringste Service-Niveau ist die pure Weitergabe des Lebenslaufes, so wie der Personalberater ihn vom Kandidaten erhalten hat, vielleicht mit der Bemerkung des Personalberaters, dass der Kandidat einen guten Eindruck machen würde. Oftmals hat der Personalberater den Kandidaten weder getroffen, noch mit ihm telefoniert.

Die zweite Stufe ist ein im Standardformat des Personalberaters aufbereiteter und aus dem (telefonischen) Gespräch mit dem Kandidaten ergänzter Lebenslauf ohne Beschreibung, Beurteilung der Stärken und Schwächen des Kandidaten.

Die dritte Stufe umfasst eine über den aufbereiteten Lebenslauf hinaus gehende persönliche Stellungnahme des Personalberaters zum Kandidaten. Darin steht etwas über die wahrgenommenen Stärken und Schwächen, die Wechselmotive werden dargestellt und die Person wird beschrieben, sowohl physisch als auch in Persönlichkeitsfacetten. Ein solcher vertraulicher Bericht kann nur nach einem intensiven, persönlichen Interview des Personalberaters mit dem Kandidaten entstehen.

Ein Beispiel ist der nachfolgende Bericht über Guiseppe Spalitenzo.

Manche Personalberater gehen über den Umfang des dargestellten Berichts über Herrn Spalitenzo hinaus. Sie ergänzen ihre Interviews von vorne herein durch psychologische Tests des Kandidaten und übermitteln dem Klienten umfangreiche Dossiers, die bis zu 40–50 Seiten lang sein können. Letzteres ist beeindruckend, sprengt aber meistens die Lesekapazität des Klienten und bringt nur vermeintlich mehr Sicherheit in die weitere Gesprächsführung.

Wie Klienten manchmal mit Vertraulichen Berichten der Personalberater umgehen, ist in der Fallstudie „Nackt oder mit Bewertung" dargestellt (siehe auch Abb. 7.1).

	VERTRAULICHER BERICHT
über	
	Guiseppe Spalitenzo
Kandidat für die Position	
	President + CEO
im Unternehmen	
	TRASI AG
	Rapperswil/Schweiz

Abb. 7.1 Fallstudie: „Nackt" oder mit Bewertung

BEWERBERPROFIL

Name	Guiseppe Spalitenzo
Adresse	Via Molise, 48 I-37135 Verone / VR Italy
Telefon *Mobil*	00 39 123 45 678 00 41 (0) 876 54 321 e-mail privat:gspali@interfree.it
Interviewpartner	Dr. Theodor Mayer
Ort des Interviews	Bern / Schweiz
Datum des Interviews	Mai 2013

Abb. 7.1 (Forsetzung)

PERSÖNLICHE DATEN

Alter	49 Jahre (geboren 04.09.1964)
Familienstand	Verheiratet, 1 Tochter (25 Jahre alt, verheiratet)
Nationalität	italienisch
Mobilität	Gegeben, entsprechend der Notwendigkeiten
Sprachkenntnisse	Italienisch Muttersprache Englisch verhandlungssicher Französisch verhandlungssicher (2. Mutter- sprache) Deutsch verhandlungssicher Spanisch Grundkenntnisse

BERUFLICHE DATEN

Derzeitiges Gehalt	Ca. 450.000 € inkl. ca. 35% Bonus; plus Aktienoptionen
Gehaltsvorstellung	Attraktives Package
Kündigungsfrist	6 Monate zum Monatsende
Verfügbarkeit	z. B. 01.01.2014

Abb. 7.1 (Forsetzung)

AUS-UND WEITERBILDUNG

1970 – 1975

Ecole Européenne
Schulausbildung

1975 – 1982

Universität Pisa
Studium des Agrarwesens mit Abschluss

KURSE

1984

IFAP, Mailand
"FMCG Product Management"

1988

ISTUD, Belgirate
"General Management"

1990

BOCCONI, Mailand
"International Markteting"

1993

INSEAD, Fontainebleau
"Strategies for consumer goods"

1996

MANAGEMENT CENTRE, Bruges
"Fundamentals of Finance for non Finance Managers"

Abb. 7.1 (Forsetzung)

BERUFLICHER WERDEGANG

03/1984 – 10/1985	**Alivar, Novara** (Marken: Bertolli, Pavesi, De Rica, Pai) Product Manager International Operations Konserven · Verantwortlich für Marketing für die „grüne und rote" De Rica-Linie (Tomaten- und Hülsenfruchtprodukt-Konserven) sowie Tiefkühl-Fertigprodukte der Marke Cipas. · Marketingunterstützung für die o. g. Marken bei den Tochterfirmen (USA, Kanada, Australien, Schweiz) und des Managers für die europäische Region Haupterfolge: · Einführung einer neuen Produktpalette in UK und Frankreich · Durchführung einer neuen Rezeptur für ein Private Label in UK · Organisation eines Standortes inklusive der Cipas Produkte bei der Sial Lebensmittel-Messe in Paris · Berichtend an den europäischen Marketing Direktor
10/1985 – 12/2005	**Martelli-Gruppe**
10/1985 – 12/1986	Martelli, Lari/PI / Italien Export-Assistent · Zuständig für den mittleren Osten, Fern-Ost und Süd-Amerika
01/1987 – 12/1988	Junior-Area Manager Export · Zuständig für Benelux, Griechenland und Ostblock-Länder
01/1989 – 06/1990	Area Manager Export · Zusätzliche Verantwortung für den japanischen Markt (Lizenzen und Import-Vereinbarungen) · Verantwortlich für das bestehende Import-Netzwerk oder dessen Neuaufbau Haupterfolge: · Umsatz von 15 Mio. € · Eröffnung des Sowjet Union-Marktes (Beriozka) durch direkte Verhandlungen mit dem zuständigen Büro
06/1990 – 04/1994	Export Manager · Aufbau und Umsetzung weltweiter Export-Strategien, mit Ausnahme der direkten Tochterfirmen (Frankreich, Deutschland, Griechenland und Spanien) · Japan-Verantwortlicher (Lizenz-Vertrag seit 1982) · Headcount 8 (4 Regional Manager, 2 Assistenten, 1 Resident Manager, 1 Vertreter in der Schweiz) Haupterfolge: · Umsatz 45 Mio.€ mit einer Gesamtproduktionssteigerung um 38% · Eröffnung 16 neuer Märkte (Länder)

Abb. 7.1 (Forsetzung)

	• Neubildung eines Netzwerkes für exklusive Lieferungen in die USA Marktführer im „Pasta italiana"-Segment in Japan • Entwicklung von Marktanteilen in Schweden und der Schweiz • Erste Verhandlungen mit internationalen Handelsorganisationen (AMS, Deurobuing, Spar International) • Berichtend an den internationalen Divisions-Direktor und nach Re-organisation an den Welt-Verkaufsdirektor

04/1994 – 01/1997	<u>Marketing und Sponsoring Koordinator für die Tochtergesellschaften</u>
	• Marketingunterstützung der ausländischen Tochtergesellschaften in Frankreich, Deutschland, Griechenland und Spanien
	• Headcount 5
	
	Haupterfolge:
	• Verpackungs-Neuentwicklung
	• Entwicklung 3 neuer Fertig-Saucen für Frankreich mit durchschnittlicher Kostensenkung von 10%
	• Aktive Mitwirkung an der Auswahl einer europaweiten Werbeagentur
	• Koordination und Unterstützung bei Werbekampagnen (Spanien, Frankreich und Deutschland)
	• Sponsorship Strategie-Aufbau, Organisation und Management von Sponsorship-Programmen (Budget 2 Mio. €)
	• Management von Prominenten aus dem Sport:
	    o Stefan Edberg
	    o Steffi Graf
	    o Alberto Tomba
	• Neueinführung der Martelli Pasta in Joint-Ventures in der Türkei und Polen mit lokaler Produktion
	• Headcount 1
	• Berichtend an Direktor „Primo Piatto"-Business und nach Re-organisation an den internationalen Direktor

01/1997 – 01/1999	<u>General Manager Frankreich (Martelli, Paris)</u>
	• Umsatz 60 Mio.€
	• Headcount 55 (30 Verkäufer und 25 Angestellte)
	
	Haupterfolge:
	• Höchster Vorsteuergewinn in beiden Jahren
	• Nr. 2 im Markt
	• Reorganisation von:
	    o Verkaufsmannschaft (neuer Verkaufsdirektor, 50% des Verkaufspersonals)
	    o Finanzabteilung (neuer Finanzdirektor)
	    o Logistik-Abteilung
	• Strategieaufbau und Realisation mit dem HQ zur Erreichung einer Verdopplung des Marktanteils in 3 Jahren
	• Vertragsverhandlungen für Prominenten-Werbung mit Einsparung von 30% der Kosten
	• Werbebudget 4,5 Mio € p. a.
	• Berichtend an internationalen Direktor und nach Reorganisation an West-Europa Direktor

Abb. 7.1 (Forsetzung)

01/1999 – 01/2001	<u>General Manager Nord- und Zentral-Europa</u>
	(Martelli, Lari PI)
	   · Management von 4 Tochtergesellschaften (Schweiz,
	     Skandinavien, Österreich, UK) und Benelux (durch Import)
	   · Headcount 18 (inklusive HQ-Personal, 1 Finanz-Controller,
	     Verkaufsadministration und Assistenten)
	
	Haupterfolge:
	   · Verkaufs- und Produktionssteigerung (+17% / +11%)
	   · Eröffnung von Martelli Österreich
	   · Einführung eines neuen Produkts in Schweden, wodurch
	     eine Marktanteilssteigerung erzielt wurde
	   · Marktführung für Hartweizen-Pasta in der Schweiz
	   · Überarbeitung der Handelsbedingungen für den Import in
	     Belgien
	   · Werbebudget: 2 Mio. €
	   · Berichtend an West-Europa Direktor

01/2001 – 12/2005
 	
01/2001 – 04/2002
	Martelli Deutschland GmbH, Düsseldorf
	
	<u>General Manager</u>
	
	   · Verantwortlich für Deutschland, Schweiz und Österreich
	   · Restrukturierung der Tochterfirmen und Minimierung der
	     Verluste
	   · Aufbau eines Direktvertriebs
	   · Ankauf und Einbindung von Peka in den Vertrieb, Marketing,
	     Logistik und Administration in Düsseldorf
	   · Management von über 100 Mitarbeitern
	   · Umsatz 115 Mio. €
	
	Haupterfolge:
	   · Realisation und Durchführung einer innovativen
	     Werbestrategie
	   · Rationalisierung der Produktpalette
	   · Einführung einer neuen Produktpalette im Bereich der
	     Saucen
	   · Werbebudget 4 Mio. €
	   · Berichtend an West-Europa Direktor, nach Restrukturierung
	     an den CEO der Martelli Gruppe

01/2002 – 07/2003	<u>Regional Direktor Europa (parallel zu vorheriger Tätigkeit)</u>
	
	   · Nach Reorganisation verantwortlich für:
	      o Festlegung der Marketingstrategien für Europa
	         (außer Italien und ehemalige „Ostblock-Länder") in
	         Zusammenarbeit mit GBU's Pasta, Bäckereien,
	         Gastronomie, Lebensmittelservice und Peka
	      o Umsatz-Verantwortung über 250 Mio. €
	      o Headcount 380
	      o Verantwortlich für eine Fabrik in Griechenland
	      o Werbebudget 11 Mio. €
	      o Verantwortlicher für das direkte Key Account
	         Management eines europäischen Top-Kunden
	
	Haupterfolge:
	   · Verdopplung des Vorsteuergewinns
	   · Komplettierung der Fusion von Martelli und Peka
	     Deutschland (Finanzen & Administration, Logistik und IT)

Abb. 7.1 (Forsetzung)

	· Marktführerschaft in der Schweiz (Pasta Saucen) und Aufstieg in Österreich (von Nr. 4 auf Nr.2) · Neue Vertriebsstrategie für internationale Kunden, Konzept und Durchführung · Berichtend an CEO Martelli Gruppe
07/2003 – 12/2005	<u>General Director Zentraleuropa, Düsseldorf</u> (zum Teil parallel zur General Manager Position für Deutschland) · Nach Reorganisation in Regionen (Zentraleuropa, Italien, West-Europa, Griechenland und Balkan) verantwortlich für das zentraleuro-päische Gruppenergebnis (Deutschland, Österreich, Schweiz) · Gesamtumsatz-Verantwortlichkeit: 124 Mio.€ · Headcount 100 · Werbebudget 11 Mio. € Haupterfolge: · Deutschland nach 11 Jahren profitabel · Pasta Saucen Marktführerschaft und Aufstieg von Nr. 4 auf Nr. 2 im gesamten Markt · Marktführung in der Schweiz für Pasta Saucen · Berichtend an Regional Direktor Europa
02/2005 – heute	**Belsene, Lausanne/Schweiz** (Familienunternehmen, das weltweit zu den 3 größten Herstellern von Geruchs- und Geschmacksstoffen sowie Aromen zählt; ca. 2 Mrd. CHF Umsatz; ca. 4760 Mitarbeiter) <u>Direktor / Vice President Global Sales Flavor Division</u> · Verantwortlich für das Management der neu etablierten Global Sales-Struktur (3 weltweite Unternehmenseinheiten + weltweiter Verkauf) · Konzeption einer weltweiten Verkaufsstrategie · Verantwortlich für 5 Regionaldirektoren und 7 Global Account Manager (strategische Schlüssel-Kunden) · Verantwortlich für 683 Mio. CHF Umsatz und 250 Mitarbeiter in über 25 Tochtergesellschaften · Mitglied im Flavor Division Executive-Komitee · Berichtend an den Managing Director / President (Familienmitglied)

Abb. 7.1 (Forsetzung)

BESCHREIBUNG / PERSÖNLICHKEIT

Herr Spalitenzo ist ca. 1,75m groß, sportlich schlank, hat äußerst kurz geschnittenes graues Haar, mit einer sehr hohen Stirn und trägt eine Brille sowie einen kleinen Schnauzbart. Zum Gespräch erschien er sehr gut gekleidet in einem dunklen Anzug.

Herr Spalitenzo ist ein sehr sicher, elegant und geschliffen auftretender Mann, der eine natürliche Autorität hat, dabei aber nicht arrogant wirkt, sondern ein angenehmer „erwachsender" Gesprächspartner ist.

Im Verlauf des Gesprächs wird deutlich, dass Herr Spalitenzo mit beiden Beinen im Leben steht. Er ist solide, ehrlich, ausgeglichen und freundlich.

Andererseits wird auch klar, dass es sich um einen erfahrenen internationalen Manager handelt, der weiß, was er will und zielstrebig agiert. Bei ihm überwiegt nicht das Analytische. Vielmehr ist er ein offener und warmherziger Gesprächspartner mit italienischem Temperament, welches er jedoch kontrolliert. Zudem verfügt er über einen subtilen und sehr angenehmen Humor und die nötige Selbstironie.

Auffällig ist auch seine Begeisterungsfähigkeit, sein Engagement, seine Freude an der Arbeit und an Erfolgen.

GENERAL MANAGEMENT ERFAHRUNG

Herr Spalitenzo hat mehr als 20 Jahre in der Martelli-Gruppe zugebracht. Von Anfang an auf internationales Geschäft orientiert, da er über hervorragende Sprachkenntnisse verfügt, wuchs er sehr schnell in größere Verantwortungen. Als General Manager konnte er in Frankreich die Gesamtverantwortung für ein Land übernehmen und später auch für den noch größeren deutschen Markt sowie die Zentral-Europäische Region.

Insofern verfügt er über das notwendige „Handwerkszeug" und bringt die notwendigen Erfahrungen in vollem Umfang mit ein. Man muss einschränkend vielleicht sehen, dass der von ihm gemanagte Umsatz maximal 250 Mio. € betrug, was nach meiner Ansicht jedoch kein wesentlicher Punkt ist.

INTERNATIONALITÄT

Herr Spalitenzo ist bis zu seinem 13. Lebensjahr in Brüssel aufgewachsen, hat dort auch die internationale Schule besucht. Er spricht diverse Sprachen, neben seiner Muttersprache italienisch und seiner Fast-Muttersprache Französisch auch hervorragendes Englisch und sehr gutes Deutsch. Er war im Laufe seiner Tätigkeit für Martelli für viele internationale, auch fernöstliche Märkte zuständig und hat insofern eine hohe Internationalität.

Die Firma Belsene hat ihm eine weltweite Sales-Verantwortung übertragen, wo er auch inklusive Süd- und Nordamerika sowie Asien unterwegs ist.

FAMILIENUNTERNEHMEN

Sowohl Martelli als auch Belsene sind Familienunternehmen, wenngleich auch mit unterschiedlicher Kultur.

In beiden Unternehmen ist die Familie sogar in der Geschäftsleitung selbst aktiv. Herr Spalitenzo kennt diese Situation also und weiß damit umzugehen. Im Gegenteil, es zieht ihn auch an, in Familienunternehmen zu arbeiten, da er dort eine größere menschliche Zuwendung sieht, wenngleich er weiß, dass manchmal Dinge auch nicht so entschieden werden, wie sie sachlich zu entscheiden wären.

Abb. 7.1 (Forsetzung)

KRITISCHE PUNKTE

Die über 20jährige Zugehörigkeit zu Martelli hat sicher Vor- und Nachteile. Sie zeigt aber eine große Beständigkeit und die Fähigkeit, sich flexibel an immer größer werdende Aufgaben anzupassen.

Das Ausscheiden bei Martelli nach der langen Zeit hat er gut erklärt. Die Gründe sind, dass nach erheblichen Umorganisationen, die immer wieder durchgeführt wurden, letztlich für ihn eine weiterführende Position über die Verantwortung für Zentral-Europa hinaus sich nicht abzeichnete, da auch in das Top-Management Leute berufen wurden, mit denen er nicht so richtig zurechtkam.

Er fühlt sich bei Belsene sehr wohl, wenngleich ihn auch nicht ganz zufrieden stellt, dass er nunmehr im b2b-Geschäft tätig ist und den Consumer aus den Augen verliert. Er hat in den zwei Jahren bei Belsene etliche Aufbauarbeit geleistet und das Top-Management der Familiengesellschaft hat ihm angekündigt, ihn für eine Division in Zukunft verantwortlich zu machen.

Da die Familie selbst im Management tätig ist, sieht er allerdings einige Konflikte auf ihn zukommen, wenn er die neue Top-Management-Position übernehmen würde. Insofern ist er dort etwas ambivalent.

FAZIT

Herr Spalitenzo ist ein erfahrener, internationaler General Manager mit einer sympathischen und charismatischen Persönlichkeit, der große Erfahrungen in Familienunternehmen und im Geschäft mit Konsumgütern in großen Teilen Europas, aber auch in Fernost und anderen Regionen gesammelt hat. Aus diesem Grund empfehle ich ihn als Gesprächspartner für die Position bei unserem Klienten.

Abb. 7.1 (Forsetzung)

Fallstudie: „Nackt" oder mit Bewertung
Projekt: Marketing Director Am Nachmittag rief die Assistentin des Geschäftsführers an. Sie möchte für den nächsten Tag einen Telefontermin vereinbaren, damit der Geschäftsführer vom Personalberater erfahren kann, warum dieser gerade diese vier Kandidatinnen für die Position der Marketing-Direktorin vorgeschlagen habe, über die er vor 10 Tagen Vertrauliche Berichte zugeschickt hatte.

Dabei muss dem Klienten doch zunächst von vornherein klar sein, dass diese 4 diejenigen sind, die in einem aufwendigen Selektionsprozess des Personalberaters inklusive persönliche Interviews ausgewählt wurden und bei denen auch intensiv Motive für einen Wechsel sowie die Ernsthaftigkeit der Kandidatur überprüft wurden. Als qualitativ auf hohem Niveau arbeitender Personalberater hat dieser auch die Stärken und Schwächen der Kandidatinnen beschrieben. Hat denn der Klient die vertraulichen Berichte nicht gelesen?

Der Personalberater hat sich viel Mühe gegeben, seine Wahrnehmungen und Analysen zu Papier zu bringen. Im Telefongespräch am nächsten Tag gab es also nichts Neues. Es dauerte dann fast 1 ½ Stunden, alles zu erörtern. Natürlich gab dies dem Geschäftsführer ein gutes und sicheres Gefühl für die Interviews, kostete allerdings auch viel Zeit für alle Beteiligten.

Es gibt selbstverständlich Personalberater, die „nackte" Kandidaten-Lebensläufe an Klienten schicken.

Wer sich als Klient damit zufrieden gibt, muss entweder in „kalte Interview-Wasser" springen oder zusätzliche Kommunikation mit dem Personalberater durchführen. Liegt aber alles komplett und vorbereitet vor, ist so etwas nicht notwendig.

Vielfach kann der Klient die Standard-Formate der Berichte der Personalberater verändern, wenn er es wünscht.

Vor dem Hintergrund der Diversity-Diskussion taucht an dieser Stelle die Frage auf, ob der Personalberater differenzierte Merkmale von Kandidaten wie Geschlecht, Ethnie oder Alter überhaupt in seinen Bericht aufnehmen darf.

In der Praxis hat sich bisher herausgestellt, dass dies gewünscht ist. Sicherlich wird in vielen Briefings nach wie vor vom Klienten der Wunsch nach einer bestimmten Konstellation der erwähnten Merkmale geäußert, die der Personalberater tunlichst einzuhalten hat, wenn er einen Kandidaten erfolgreich platzieren will.

Um seinen Eindruck zu überprüfen, kann der Personalberater Referenzen über die Kandidaten einholen und damit weitere Erkenntnisse über den Kandidaten an den Klienten berichten. Hier geht es vor allem um das Verhalten des Kandidaten in vorherigen Positionen sowie seine Stärken und Schwächen. Bei der Einholung bedarf es hoher Diskretion, um den Kandidaten, der in der Regel noch bei einem anderen Arbeitgeber beschäftigt ist, nicht in Schwierigkeiten zu bringen.

Abbildung 7.2 zeigt ein Beispiel für eine Referenzauskunft (eines ehemaligen Mitarbeiters über seinen früheren Chef).

Referenzauskunft	
Über:	**Herrn Guiseppe Spalitenzo** Kandidat für die Position **President + CEO** **TRASI AG, Rapperswil/Schweiz**
Referenzgeber:	**Mr. Peter Dunstad** **Ex-General Manager Scandinavia** und später **Marketing Director weltweit Martelli, Lari** jetzt **General Manager Scandinavia ABC International** (ein amerikanisches Familienunternehmen)

<u>Beziehung zu Herrn Spalitzenzo</u>

Herr Dunstad kam 1998 zu MARTELLI als er von Guiseppe Spalitenzo als General Manager für Skandinavien eingestellt wurde. In dieser Position berichtete er an den damaligen Europa-Chef Spalitenzo. Später wechselte Herr Dunstad auf die Position des Marketing Directors weltweit bei MARTELLI und hat dort in einer Matrix mit Herrn Spalitenzo zusammen gearbeitet. Im Jahr 2003 wechselte er dann zu ABC International.

Abb. 7.2 Referenzauskunft

<u>Persönlichkeit</u>

Herr Dunstad beschrieb Herrn Spalitenzo als den besten **Menschenführer/Motivator**, den er in seinem Berufsleben getroffen hat.

Sein **ausgewogenes, sicheres Urteil** über Menschen, sein **vorbildlicher Einsatz**, die gute **Balance** zwischen Leistung im Beruf und   Ausgleich im Privaten sowie die klare und **überdurchschnittliche Kommunikation** zeichnen Herrn Spalitenzo aus der Sicht von Herrn Dunstad aus.

Laut Herrn Dunstad setzt Herr Spalitenzo **hohe Ziele** und er verlangt viel. Er ist ein **konsquenter** und **entscheidungsfreudiger** Mann. Dabei zeigt Herr Spalitenzo sich nach Ansicht von Herrn Dunstadt flexibel, ist aber niemand, der „umfällt". Stets hat er die beschlossenen Maßnahmen vertreten und **sauber umgesetzt.**

Nach Ansicht von Herrn Dunstad hat Herr Spalitenzo auch einen starken Einfluss auf Entscheidungen in der MARTELLI-Gruppe insgesamt.

Hervorgehoben wurden von Herrn Dunstad auch die **große Internationalität** und die überdurchschnittliche **Fähigkeit, sich auf andere Kulturen einzustellen.**

Herr Spitalenzo war nach Ansicht von Herr Dunstad absolut loyal zur Familie MARTELLI, nicht ohne deutlich Kritik zu äußern oder **eigene Vorstellungen** in die Diskussion einzubringen.

Abb. 7.2 (Forsetzung)

Fazit

Nach Ansicht von Herrn Dunstad ist Herr Spalitenzo ein **ausgezeichneter Manager**, der weit überdurchschnittlich agiert. Er ist neben der klaren Zuwendung zu den Mitarbeitern auch jemand, der sich konsequent durchsetzt und **entscheidungsfreudig** agiert.

Dabei geht er nicht mit dem Kopf durch die Wand, sondern agiert mit **großer Geschicklichkeit** und geht mit einer **ungewöhnlichen Beeinflussungsfähigkeit auf andere** vor.

Dr. Theodor Mayer

Partner

Summer Search International

Düsseldorf, 06. Juni 2013

Abb. 7.2 (Forsetzung)

Mehrere Personalberater beauftragen

> Too many cooks spoil the broth.
> Englisches Sprichwort

„Man muss immer mehrere Eisen im Feuer haben" denkt mancher Klient und beauftragt gleich eine Reihe von Personalberatern mit der Besetzung einer Position. Manchmal teilt er dies den beteiligten Personalberatern mit, manchmal auch nicht. Wissen sie davon, lehnen seriöse Personalberater einen solchen Auftrag ab, zumal der Klient oft aus Kostengründen ein reines Erfolgshonorar auslobt. Der Personalberater bekommt einen Anruf oder eine Mail mit der Frage: „Haben Sie einen Kandidaten für unsere Vertriebsleitung?". Wird der gelieferte Kandidat eingestellt, gibt es ein Honorar.

Ein seriöser Personalberater lässt sich aus – auch für den Klienten – wichtigen Gründen darauf nicht ein. Fast immer hat er mehrere Projekte parallel in der Bearbeitung, die vom Klienten nach fixen, zeitabhängigen Zahlungsterminen oder nach Projektfortschritt bezahlt werden. Um hier Erfolg zu haben, muss der Personalberater mit hohem Einsatz und Priorität arbeiten. Die Anfrage: „Haben Sie mal einen...?" wird er deshalb, wenn überhaupt, nur am Rande bearbeiten. Dass dabei keine guten Kandidaten herauskommen, ist klar.

Möglicherweise schlägt er dann irgendjemanden vor, der auch nur halbwegs zu passen scheint, um dem Nachfragenden einen Gefallen zu tun. Bei der Sichtung und Selektion solcher Vorschläge wendet der Klient viel Zeit und Arbeit auf, wird vom Misserfolg frustriert und kommt nicht zu einem qualitativ hochwertigen Ergebnis. Gerade in dieser Situation trifft der Klient auf Personalberater, die nichts anderes können, als mal einen Lebenslauf zuzuschicken. Solche Einzel-Personen oder auch Gesellschaften sind eigentlich keine Personalberater, denn sie verfügen über keine etablierten Prozesse und Standards, um systematisch eine Suche und Auswahl der besten verfügbaren Kandidaten durchzuführen. Das Ergebnis ist für den Klienten entsprechend enttäuschend.

Noch ein weiteres Problem für den Klienten bei der Vergabe von „Aufträgen" an mehrere Personalberater ist bedeutsam. Treten mehrere Personalberater mit der vakanten Position an potentielle Kandidaten heran, werden diese misstrauisch: Die Position hat wohl versteckte negative Aspekte und ist „schwer" an den Mann zu bringen oder man sucht wohl schon länger und versucht es jetzt mit „Schrot-Schuss" bis irgend eine „Ente vom Himmel fällt" oder der Klient gibt der Position anscheinend einen geringen Wert, denn er ist nicht bereit, einen etablierten, seriösen Personalberater zu beauftragen und diesen auch ordentlich zu bezahlen.

Immer wieder hören Personalberater in diesem Zusammenhang von angesprochenen Kandidaten die Frage: „Haben Sie auch einen Alleinauftrag?" Ansonsten ist der qualifizierte Kandidat gar nicht bereit, sich zu öffnen und mit dem Personalberater offen und vertrauensvoll zu sprechen.

Zeithonorar versus Erfolgshonorar

> Ein Geschäft, das nur Geld einbringt,
> ist ein schlechtes Geschäft.
> Henry Ford
> (1863–1947)
> Automobilhersteller

Mancher Klient hat Bedenken, dem Personalberater ein Honorar entsprechend des Zeitablaufs der Dienstleistung zu bezahlen.

Allgemein ist heute üblich, ein Honorar in 3 Teilen zu zahlen, zum Beispiel zu festgelegten Zeitpunkten, bei Projektbeginn, nach weiteren 30 Tagen und dann 60 Tage nach Start, unabhängig von den Ergebnissen der Bemühungen des Personalberaters um passende Kandidaten.

Eine zweite verbreitete Form der Honorierung ist die Teilung der einzelnen Raten nach Ablauf des Projektes: ein Drittel beim Start, ein Drittel bei Vorhandensein von qualifizierten Kandidaten und ein Drittel bei Einstellung eines Kandidaten. Hier gibt es einen Zusammenhang zwischen den konkreten Ergebnissen des Projektes und der Zahlung der zweiten und dritten Rate.

Klienten glauben, damit den Personalberater besser „im Griff" zu haben, ihn zur schnelleren Erledigung zu bringen, ihn mehr „unter Druck" zu setzen und im Falle einer Nichtbesetzung wenigstens nicht das ganze Honorar ausgegeben zu haben.

Andere Klienten bevorzugen ein Honorar in zwei Teilen, 50 % bei Projektstart und 50 % bei Einstellung des Kandidaten.

Auf eine gelegentlich vom Klienten geforderte 100 %-Honorierung bei Vertragsabschluss mit der eingestellten Person lassen sich seriöse Personalberater nicht ein.

Um die Wirksamkeit dieser Modelle zur Führung des Personalberaters zu beurteilen, muss man sich in die Schuhe des Personalberaters begeben.

Natürlich hätte er am liebsten das gesamte Honorar bei Projektbeginn auf dem Konto. Dann könnte er in Ruhe seine Aktivitäten aufnehmen und das Projekt abarbeiten. Die Honorierung nach festen Zeitpunkten wird eine ähnliche Wirkung haben.

Beide Formen haben den Vorteil, dass der Personalberater sich tatsächlich mit der notwendigen Sorgfalt der Suche und Auswahl der besten, verfügbaren Kandidaten beschäftigen kann, sowie in der Projektlaufzeit seine Mitarbeiter, seine Büromiete und andere laufende Kosten bezahlen kann. Marktführenden Personalberatungsgesellschaften gelingt es bis heute, eine solche Honorierungsform durchzusetzen.

Bei etwas charakterschwächeren Personalberatern oder großen „Search Factories", die einen hohen Projektdurchsatz haben, ist bei einer solchen Honorierungsform aber möglicherweise nach 3 passenden Kandidaten (wenn überhaupt) Schluss mit dem Projekt. Man hat sein Honorar auf dem Konto, neue Projekte warten und ein Nacharbeiten ist zu aufwändig beziehungsweise wegen interner KPIs (Vorgabe: es werden nur 3 Kandidaten vorgestellt, sonst ist es „betriebswirtschaftliche zu teuer") bei börsennotierten Personalberatungsgesellschaften nicht vorgesehen.

In der letzten Zeit hat sich deshalb immer mehr die Honorierung in drei Teilen bei Projektbeginn, beim Vorhandensein von qualifizierten Kandidaten und bei Abschluss eines Vertrages durchgesetzt. Um die Erfolgsunabhängigkeit des letzten Honorarteils abzusichern, steht in manchen Personalberatungsverträgen auch, dass die dritte Rate auf jeden Fall (spätestens 6 Monate nach Start des Projektes) fällig ist. Bis dahin dürfte jeder Klient die Fähigkeit und das Engagement des Personalberaters richtig einzuschätzen wissen und das Projekt gegebenenfalls vorher wegen Erfolglosigkeit abbrechen.

Auf einen wesentlichen Aspekt der erfolgsbezogenen Honorierung ist aber noch hinzuweisen. Wenn der Personalberater unter dem Druck steht, für seine zweite Rate dringend Kandidaten zu liefern oder sich der Abschluss mit dem Endkandidaten wegen letzter Zweifel noch hinauszögert, könnte ein schwacher Personalberater zu Kompromissen neigen.

Kleine Fehler des Kandidaten werden dann leichter übersehen, eine Referenzauskunft besonders freundlich interpretiert oder ein oder mehrere „Platzhalter" werden vorgestellt.

Diese Gefahr sollte der Klient stets im Auge haben, dem Personalberater helfen und ihn nicht zu stark unter Druck setzen. Man kann auch einmal die 2. Rate schon bezahlen, wenn die Auswahl der Kandidaten noch mager ist oder die Suche sehr schwierig. Hier muss man dann individuell einschätzen, ob der Personalberater dies als Ansporn zu noch intensiverer Aktivität begreift oder als „Ruhekissen".

Die nachfolgende Fallstudie zeigt, was bezüglich der Honorierung so alles passieren kann.

Fallstudie: Geld zurück! Sie haben doch keinen Erfolg gehabt
Projekt: Geschäftsführer Der mittelständische Hersteller von Verpackungsmaschinen hatte den Personalberater beauftragt, weil dieser in der Maschinenbau-Branche einen guten Ruf hatte. Der Personalberater sollte einen neuen technischen Geschäftsführer suchen.

Der Personalberater hatte zahlreiche, vergleichbare Projekte erfolgreich abgewickelt, etliche Klienten in der Branche und damit auch eine entsprechende „Off-limits"-Liste. Hier waren die Klienten erfasst, die schon Kunden waren und bei denen der Personalberater keine Kandidaten suchen konnte, weil er sich (wie üblich) dazu verpflichtet hatte. Diese Liste war dem Klienten bekannt.

Der Personalberater hatte ein dreiteiliges Honorar mit folgendem Zahlungsmodus vereinbart:

- Erste Rate bei Auftragserteilung
- Zweite Rate bei Vorliegen von passenden Kandidaten (vertrauliche Berichte beim Klienten) oder spätestens 6 Wochen nach Start der Suche
- Dritte Rate bei Vertragsabschluss mit der eingestellten Person oder spätestens 6 Monate nach Start der Suche

Der Personalberater legte nach vier Wochen vier Vertrauliche Berichte mit Kandidaten dem Klienten vor, die allen Anforderungen des abgestimmten Positionsprofils entsprachen. Zwei Tage danach sandte er vereinbarungsgemäß seine zweite Honorarnote.

Am nächsten Tag schon rief der Klient an. Er hätte in den letzten Tagen Gespräche mit Herrn Wilfried Bellmann geführt, der ihn zufällig angerufen hätte, da er sich beim Wettbewerbsunternehmen Pack und Sack GmbH nicht mehr wohl fühlte.

Er sei mit Bellmann einig und habe ihn für die zu besetzende Geschäftsführerposition eingestellt. Da der Personalberater nicht erfolgreich gewesen sei, verlange er die gezahlte erste Honorar-Rate zurück und die zweite werde er nicht bezahlen. Und im Übrigen wäre er auch mit den übersandten Kandidaten unzufrieden, denn der eine hätte ja so lange Haare und ein zweiter sei ja ein Ossi.

Nun muss man wissen, dass die Pack und Sack GmbH auf der Off-limits-Liste des Personalberaters stand und er deshalb Bellmann gar nicht ansprechen konnte. Inzwischen hatte der Personalberater für das Projekt über 100 potentielle Kandidaten angesprochen, 9 persönliche Interviews geführt und die vier vorgeschlagenen Kandidaten selektiert.

Lässt man die rein rechtliche Betrachtung einmal beiseite, bei der der Personalberater sicher gute Chancen auf die Bezahlung der ersten und zweiten Rate hätte, muss man sich über das Verständnis des Klienten von der Arbeit des Personalberaters wundern.

Selbst Branchen-Insider können solche Besetzungen nicht „aus dem Computer" lösen. Es steckt viel harte Arbeit und manche frustrierende Absage von potentiellen Kandidaten dahinter. Dass „von der Seite" Herr Bellmann auftaucht, war nicht abzusehen. Direkt beim Personalberater hatte Bellmann sich nicht gemeldet. In diesem Falle (Initiativ-Bewerbung) wäre die Off-Limits-Liste nicht zum Tragen gekommen und der Personalberater hätte ihn einbeziehen können. Korrekterweise hätte der Klient Bellmann aber auf jeden Fall an den Personalberater verweisen müssen, damit dieser ihn in den Selektionsprozess einbezogen hätte. Der Personalberater hätte dann vielleicht Bellmann und einige Alternativen präsentiert und es hätte für den Klienten eine Auswahlmöglichkeit gegeben.

Das Honorar nicht zu bezahlen ist deshalb sachlich nicht gerechtfertigt.

Spesen

Die meisten Personalberatungen berechnen neben dem Honorar noch Spesen. Dies sind Aufwendungen für Reisen des Beraters und der Kandidaten, eventuelle Hotelkosten und Bewirtungen. Diese haben wegen der dezentralen Wirtschaft in ganz Deutschland eine nicht unerhebliche Höhe. Noch höher sind diese Kosten, wenn auch im Ausland Gespräche geführt werden müssen oder ausländische Kandidaten nach Deutschland reisen. Darüber hinaus werden auch teilweise noch Telefonkosten berechnet, die bei den heutigen Flatrates allerdings nicht bedeutend sein können, es sei denn, die Suche wird auch außerhalb Deutschlands durchgeführt.

Wichtiger für den Klienten sind aber die Höhe der Spesen insgesamt sowie deren Nachweise und Abrechnung.

Da gibt es ganz unterschiedliche Modelle im Markt. Verbreitet ist, dass der Personalberater einen durchschnittlichen Prozentsatz vom Gesamthonorar (zum Beispiel 15 % – 20 %) als maximalen Spesenbetrag angibt und diesen „frei", d. h. ohne Nachweis verteilt über mehrere Honorarteile in Rechnung stellt.

Manche Personalberater stellen auch einen pauschalen Betrag in Höhe von beispielsweise 7 % der gesamten Honorarsumme für jeden Monat der Projektlaufzeit in Rechnung.

Andere dagegen weisen jeden Flug, jede Autofahrt, jede Hotelübernachtung und jedes „Kaffeetrinken" gesondert aus. Dies scheint vermeintlich „ehrlicher", ist aber genauso wenig zu kontrollieren wie pauschale Spesenabrechnungen. Ob Berater-Flüge gerade für das spezielle Projekt des Klienten stattfinden oder für andere, sieht man dem Flugschein nicht an. Auch die Auto-Kilometer sind kaum nachzuvollziehen. Gleiches gilt für andere Aufwendungen. Interessant ist, dass bei genauer Beleg-Abrechnung der Berater meist in der Business Class fliegt. Auf Kosten des Klienten sichert er sich so die Würde eines „Lufthansa-Senators". Außerdem verweigern Personalberater aus Datenschutzgründen und zur Wahrung der Vertraulichkeit die Nennung der Namen von Kandidaten, die sie trafen, später dann aber nicht dem Klienten vorstellen.

Am Ende kann eine solche Spesenregelung in der Summe teurer sein als eine Pauschale. Lässt man sich als Klient auf eine Pauschale ein, ist die anfangs erwähnte pauschale Prozent-Lösung die beste. Denn wenn man 7 % jeden Monat zahlt und das Projekt sich mal 4–6 Monate hinzieht, kommt man auf Beträge, die nicht mehr gerechtfertigt sind.

Wenn man sich auf eine Spesenpauschale geeinigt hat, sollte man nicht im Nachhinein eine Spezifikation der Aufwendungen verlangen, wenn diese in einem Monat zu hoch erscheinen. Der Personalberater hat vielleicht sogar noch einen Beleg in der pauschalen Summe vergessen, so dass es am Ende noch teurer werden kann

Wenn der Personalberater allerdings die vereinbarte Gesamthöhe der Spesen merklich überschreitet, muss er Rede und Antwort stehen. Ein etablierter und kluger Personalberater wird es dazu aber nicht kommen lassen, sondern bei besonders hohen Spesenaufwendungen den Klienten vorher kontaktieren, die Gründe für die besonderen Ausgaben darlegen und das Einverständnis des Klienten einholen.

Einzelauftrag versus Rahmenvertrag

Wenn man einem Menschen trauen kann,
erübrigt sich ein Vertrag.
Wenn man ihm nicht trauen kann,
ist ein Vertrag nutzlos.
Jean Paul Getty
(1892–1976)
US-amerikanischer Öl-Tycoon, Industrieller und Kunstmäzen

Normalerweise erhält der Personalberater vom Klienten einen Auftrag für die Besetzung einer bestimmten Position. Man spricht dann individuell über die Honorarfrage, legt etwas fest und das Projekt beginnt. Dies kann zu durchaus unterschiedlichen Honoraren je nach Projekt führen und „Mengen-Rabatte" bei einer Reihe von Projekten gibt es nicht.

Dieses „Problem" bearbeiten zunehmend die Einkaufsabteilungen größerer Unternehmen. Gerade im Dienstleistungseinkauf sieht man dort „low hanging fruits" für „quick wins". Die Einkaufsabteilung entwickelt dann einen Rahmenvertrag, in dem Honorare, Spesen, aber auch die Leistungen des Personalberaters genau spezifiziert sind. Wie beim Einkauf von Schrauben sind in solchen Verträgen Mengen-Rabatte eingearbeitet, die meist in Form von Rückvergütungen durch den Personalberater am Ende eines Jahres festgeschrieben werden.

Zur Messung der Leistung des Personalberaters wird manchmal ein KPI (Key Performance-Indikator) aufgestellt, der Faktoren wie Projektlaufzeit, Anzahl der präsentierten Kandidaten, Fehlbesetzungen oder ähnliches enthält. Bei schlechtem KPI gibt es dann auch schon einmal „Geldstrafen" für den Personalberater.

Tabelle 7.1 zeigt ein Beispiel für ein KPI-System.

Tab. 7.1 Beispiel für ein KPI-System

KPI zur Beurteilung der Beratungsqualität bei der Cement + Mörtel GmbH				
Gewicht der Gesamtbewertung (%)	Bewertungsfaktoren	Wert	Toleranzwert	Ergebnis
50	Anzahl der Kündigungen (durch Eingestellte oder Cement + Mörtel GmbH) innerhalb von 6 Monaten nach Arbeitsaufnahme	1 von 10	2 von 10 zulässig	100 % Gewichtet: 50 %
25	Anzahl vorgestellter Kandidaten, die nicht dem vereinbarten Profil entsprechen.	3 von 40	6 von 40 zulässig	100 % Gewichtet: 25 %
25	Projektlaufzeit um x Wochen länger als im Projektplan vorgesehen	Verlängerte Projektlaufzeit um:	6 Wochen zulässig	3 von 10 zu lang $\hat{=}$ 7/10 von 25 % 17,5 %
		Projekt 1 4 Wochen	Okay	
		Projekt 2 6 Wochen	Okay	
		Projekt 3 7 Wochen	Nicht okay	
		Projekt 4 7 Wochen	Nicht okay	
		Projekt 5 4 Wochen	Okay	
		Projekt 6 5 Wochen	Okay	
		Projekt 7 7 Wochen	Nicht okay	
		Projekt 8 0 Wochen	Okay	
		Projekt 9 2 Wochen	Okay	
		Projekt 10 0 Wochen	Okay	

Bei weniger als 90 % der Gesamtbewertung führt dies zu einer Rückerstattung von 10 % der gesamten Honorar-Summe. In diesem Falle ist ein Wert von 92,5 % erreicht und es erfolgt keine Rückerstattung

Allerdings hat ein solches KPI-System Schwächen, weil Fehlleistungen ausschließlich dem Personalberater zugeordnet werden. Die finale Entscheidung über die Einstellung trifft immer der Klient. Wenn er jemanden einstellt und dieser später kündigt, hat er alleine dies zu vertreten. Der Personalberater hat die besten der von ihm gefundenen Kandidaten geprüft und vorgestellt.

Kündigt ein eingestellter Kandidat, ist dies keine Fehlleistung des Personalberaters, denn der Klient hätte den Personalberater auffordern können, weitere Kandidaten zu suchen, wenn er Zweifel an der Qualifikation des Eingestellten gehabt hätte. Zudem kündigen eingestellte Kandidaten manchmal aus anderen Gründen, zum Beispiel bei einem plötzlichen Vorgesetztenwechsel kurz nach dem Start oder bei nach Beginn der Tätigkeit festgestellten Unverträglichkeiten mit Kollegen, die auch nicht vom Personalberater zu vertreten sind.

Auch der zweite Bewertungsfaktor – die Passgenauigkeit der vorgestellten Kandidaten – ist eine schwierig zu messende Größe. Der qualifizierte Personalberater wird nur solche Kandidaten vorstellen, die nach seiner ehrlichen Meinung passen. Manchmal gibt es aber persönliche Unverträglichkeiten zwischen Kandidat und Klient, die der Personalberater nicht kennen konnte und auf die er keinen Einfluss hat.

Bezüglich der Projektlaufzeit ist die Terminvergabe für die Vorstellungsrunden beim Klienten oft der Engpass, der zu langen Laufzeiten führt. Auch darauf hat der Personalberater wenig Einfluss.

Mitunter finden sich in den Verträgen von Unternehmen mit Personalberatern ungewöhnliche Klauseln, wie nachfolgendes Beispiel zeigt.

Beispiel

Aus den Geschäftsbedingungen der Cement + Mörtel GmbH

8. Erklärung zu Scientology

8.1. Der BERATER sichert zu, dass er beziehungsweise seine Mitarbeiter/innen nicht nach einer Technologie oder Lehre von L. Ron Hubbert und/oder sonst einer mit Scientology zusammenhängenden Technologie oder Lehre arbeiten und dass er beziehungsweise sein Mitarbeiter/innen diese Technologien und Lehren vollständig ablehnen.

8.2. Der BERATER sichert zu, dass er beziehungsweise seine Mitarbeiter/innen keine Schulungen, Kurse und Seminare nach den genannten Technologien oder Lehren selbst besuchen, Veranstaltungen danach durchführen oder zukünftig durchzuführen beabsichtigen und dass er beziehungsweise seine Mitarbeiter/innen auch nicht dafür werben.

8.3. Der BERATER sichert zu, dass er beziehungsweise seine Mitarbeiter/innen nicht Mitglied der IAS (International Association of Scientologist) sind.

Sollte sich eine dieser Aussagen als unwahr herausstellen oder in Zukunft verletzt werden, stellt dies einen wichtigen Grund zur fristlosen Kündigung dieses Vertrages dar.

Einhergehend mit Rahmenverträgen wird meist eine Reduzierung des „Wildwuchses" von vielen Personalberatern, mit denen beim Klienten gearbeitet wird, herbeigeführt. Je nach Größe des Klienten beschränkt man sich auf 2–6 Anbieter, mit denen vergleichbare Rahmenverträge geschlossen werden. Im konkreten Bedarfsfall kann sich die Fachabteilung und/oder die Personalabteilung einen Personalberater aus dem Pool aussuchen oder auch einen Wettbewerb („shoot out"/„beauty contest") zwischen mehreren Personalberatern veranstalten.

Über ein anderes Phänomen ist die Auswahl in der Realität jedoch manchmal beschränkt.

Die zentrale Personalabteilung ist meist bei Besetzungen von Positionen der ersten bis dritten Ebene eines Konzerns federführend beteiligt. Hat der zentrale Personalchef ein oder zwei seiner „Lieblings-Personalberatungen" im Rahmenvertragspool untergebracht, wird er darauf dringen, dass diese auch die Aufträge erhalten. Die anderen Personalberater im Pool sind dann „Dummies", die eine Vielfalt simulieren, die gar nicht existiert. Für diese Personalberatungen bleiben dann die nicht so attraktiven Positionen auf der Ebene vier und darunter übrig.

Besonderheiten in diesem Zusammenhang gibt es noch bei internationalen Unternehmen mit Headquarter außerhalb Deutschlands. Wenn es sich um größere Konzerne handelt, gibt es regelmäßige Rahmenverträge mit den Personalberatungen, die über ein weltumspannendes Netzwerk verfügen. In der (durchweg unzulässigen) Annahme, dass unabhängig von den jeweiligen Partnern der internationalen Niederlassungen dieser Personalberatungen ein gleiches Vorgehen und Qualitätsniveau sichergestellt ist, schreibt die Zentrale zwei oder drei der Search Factories (zum Beispiel KornFerry, Heidrick & Struggles, OdgersBerndtson etc.) vor, so dass dem lokalen Personalchef des Konzern fast keine Möglichkeit gegeben ist, beispielsweise eine lokale, sehr erfahrene „Boutique" zu beauftragen. Täte er dies und gibt es Probleme, muss er sich auf ein politisches Donnerwetter aus der Zentrale gefasst machen.

Für Personalberatungen haben Einzelaufträge oder Rahmenverträge natürlich Vor- und Nachteile. Beim Einzelauftrag ist das Honorar oft etwas höher, ihn zu akquirieren ist aber meist schwieriger. Ist man im Pool, kommt das eine oder andere „von alleine", aber die Honorare sind schlechter und der Personalberater muss vielleicht sogar „Strafen" befürchten.

Hat die Zentrale zum Beispiel in den USA mit den US-amerikanischen Personalberatungskollegen einen „Welt-Vertrag" geschlossen, kommen die Aufträge automatisch, dann aber zu etwas schlechteren Konditionen und zudem von den US-amerikanischen Kollegen des Personalberaters kritisch mit verfolgt. Man hat dann gewissermaßen zwei Klienten.

Die Kombination aus schlechterem Honorar plus Kontrolle durch den Kollegen aus den USA bringt manchen in Deutschland erfolgreichen Partner einer internationalen Personalberatungsgesellschaft auch dazu, einen solchen Auftrag abzulehnen. Dies umso mehr, wenn die „Chemie" zwischen ihm und dem lokalen Entscheider, für den er tätig werden soll, nicht so ganz stimmt.

Qualitätskontrolle

Quality will remain when the price is forgotten.
Henry Royce
(1863–1933)
Mitgründer von Rolls-Royce

Hier soll sowohl die Qualität, die der Klient wahrnimmt, als auch die Qualität, die der Kandidat wahrnimmt, betrachtet werden.

Beide Parteien erleben bei der Abwicklung eines Auftrages durch den Personalberater einen Prozess, von dem vielfältige Qualitätssignale ausgehen. Für die Beurteilung der Prozessqualität lassen sich zum Beispiel folgende Indikatoren verwenden:

Prozess-Qualität aus Klienten-Sicht

- Verständnis des Klienten-Unternehmens und der zu besetzenden Position durch den Personalberater
- Treffgenauigkeit der Zielgruppe, in der der Personalberater sucht
- Intensität, Niveau und Angemessenheit der Klienten-Berater-Kontakte
- Intensität, Niveau und Angemessenheit der Klienten-Kontakte mit den Mitarbeitern des Personalberaters (Research/ Projektassistenz)
- Gefühl des Vertrauens und Wohlfühlens Klient/Berater/Berater-Mitarbeiter
- Organisation des Projektablaufs durch den Personalberater und sein Team
- Vereinbarung und Einhaltung von Terminen
- Qualität und Fehlerfreiheit der Berichte über die Kandidaten, insbesondere die treffende Beurteilung der Kandidaten durch den Personalberater
- Saubere Erfassung der Motivation der Kandidaten für den Wechsel
- Organisation von Kandidaten-Präsentationen (Termine, Reisen, Teilnahme des Beraters)
- Betreuung der Kandidaten und „bei der Stange halten" durch den Personalberater und sein Team
- Rückkopplung zum Klienten nach der Kandidaten-Präsentation über den Eindruck, den der Kandidat vom Gespräch hatte

Länge des Suchprozesses
- Bereitschaft und Fähigkeit des Personalberaters, die Suche so lange weiterzuführen bis ein für den Klienten befriedigendes Ergebnis erreicht ist
- Unterstützung des Klienten bei den Vertragsverhandlungen mit dem Kandidaten

Auch der Kandidat hat seine Eindrücke von der Qualität des Prozesses, die beispielsweise folgende Indikatoren wiedergeben können:

Prozessqualität aus Kandidatensicht

- Ansprache von Kandidaten nur auf „passende" Projekte
- Wahrung der Vertraulichkeit bei der Ansprache und Taktgefühl für mögliche unangenehme Situationen des Kandidaten im Moment der Ansprache (Chef/Kollege im Raum, mitten im Meeting etc.)
- Sprachliches und intellektuelles Niveau des Ansprechenden (Personalberater oder Research Consultant)
- Lieferung ausreichender Informationen über die zu besetzende Position und das Unternehmen inkl. Lieferung eines umfangreichen, aussagefähigen Positionsprofils
- Einhaltung von vereinbarten Telefonterminen (auch von Kandidaten-Seite übrigens)
- Vertrauliche und diskrete Orte für persönliche Interviews mit dem Personalberater
- Interviews „auf Augenhöhe" mit seriöser, ehrlicher Information über Klient und Position in einer angenehmen Atmosphäre
- Gute Vorbereitung des Kandidaten auf „Besonderheiten" des Klienten (ungewöhnliche Fragen: zum Beispiel „Warum haben Sie heute gerade dieses Streifenhemd an? Wie viele Gully-Deckel gibt es in Großbritannien? Wenn man persönliche Eigenschaften in einem Laden kaufen könnte, welche würden Sie sich dann kaufen?"; ungewöhnliches Verhalten (häufiges Unterbrechen, Erzeugen von Stress, Zulassen von externen Störungen))
- Gute Vorbereitung auf den Ablauf des Vorstellungsgespräches beim Klienten: Teilnehmer, Zeitdauer, zu erwartende Vorgehensweise, Erwartungen des Klienten (Stil und Dauer der Selbstpräsentation des Kandidaten oder Dosierung von Humor) und Kleidungsfragen
- Nach dem Klienten-Gespräch zügige und wahrheitsgetreue Rückkopplung über den Eindruck, den der Klient vom Kandidaten gewonnen hat
- Klare Aussagen über das weitere Timing des Prozesses
- Bei Absage Nennung von nachvollziehbaren Gründen (keine Allgemeinplätze)

Neben den vorgestellten qualitativen Merkmalen des Suchprozesses gibt es noch die letztlich alles entscheidende Ergebnis-Qualität:

Ergebnis-Qualität

Hat der Personalberater den guten, den Vorstellungen des Klienten weitestgehend entsprechenden Kandidaten vorgestellt und konnte dieser im Rahmen des Budgets für die Position eingestellt werden?

Leider ist diese Momentaufnahme letztlich auch keine abschließende Aussage über die Ergebnis-Qualität des Personalberaters. Es zeigt sich erst nach Monaten in der neuen Aufgabe, ob der Kandidat wirklich passt, sich in die Unternehmenskultur einfügt und gute Beiträge zur Unternehmensleistung erbringt.

Nachdem der Vertrag mit dem eingestellten Kandidaten unterschrieben ist, hat der Personalberater aber noch weiter reichende Aufgaben. Da zwischen der Unterschrift und dem Antritt des neuen Mitarbeiters wegen Kündigungsfristen Wochen und Monate verstreichen, ist der Personalberater auch klug beraten, in dieser Zeit den Kandidaten zu „pflegen".

Stark begehrte Kandidaten werden nach Unterschrift noch Angebote anderer Personalberater erhalten, die von der Unterschrift nichts wissen können oder wissen wollen. Da wird der eine oder andere Kandidat manchmal schwach.

Auch für den Kandidaten gibt es die Ergebnis-Qualität. Er bekommt den Job oder nicht.

Die Absage durch den Personalberater kann bei offener Vorgehensweise jedoch auch einen positiven Aspekt haben, indem der Personalberater den Kandidaten über wahrgenommene Schwachpunkte unterrichtet. Er verhilft ihm damit dazu, die Fehler beim nächsten Bewerbungsprozess zu vermeiden.

Nutzung des Personalberaters über das konkrete Projekt hinaus

8

Man kann den Personalberater als Dienstleister sehen, den man ruft, wenn man ihn braucht. Möchte man dagegen lieber eine langfristige Beziehung aufbauen, die Synergien für beide Seiten bietet, ist es sinnvoll, den Kontakt mit dem Personalberater nachhaltig zu pflegen.

Dies beginnt damit, dass man ihm ein ordentliches, markt- und problemgerechtes Honorar zubilligt und dann die Rechnungen auch zügig bezahlt.

Ein Personalberater ist nie nur für einen Klienten alleine tätig und führt in der Regel eine Reihe von Projekten parallel. Fällt die Honorierung in einem Projekt aus dem Rahmen der anderen Projekte, sei es, dass die Höhe geringer ist, die Erfolgsbezogenheit der Honorar-Teile größer oder das Zahlungsverhalten passiver ist, neigt der Personalberater in der Regel dazu, intensiver an den Projekten zu arbeiten, die in dieser Hinsicht attraktiver ausgestaltet sind.

Ein weiterer wichtiger Punkt ist, dem Personalberater beim Briefing und während des Suchprozesses keine Informationen vorzuenthalten. Werden bereits Veränderungen im Management Team vorbereitet, ist gar der Verkauf des Unternehmens kurz vor dem Abschluss oder gibt es wichtige, neue Aspekte der Unternehmensstrategie?

Wenn der Klient den Personalberater auf „Augenhöhe" behandelt und ihn wertschätzt, ihn ernst nimmt und seinen Rat annimmt, wird dies das Engagement des Personalberaters für sein Projekt erhöhen. Wenn er ihn jedoch als „Oberkellner des Managements" sieht nach dem Motto: „Wir bestellen, Sie servieren", führt das auch bei bestem Charakter zu schlechten Leistungen.

Wenn ein Personalberater gute Leistungen erbringt und immer wieder echte Leistungsträger für den Klienten vermittelt, kann man ihn ruhig auch einmal loben, wenn möglich sogar vor anderen. Auch externe Dienstleister, genau wie eigene Mitarbeiter, werden mit noch größerem Engagement danken.

Gute Personalberater sollte man weiterempfehlen und dem guten Personalberater auch für Referenzen zur Verfügung stehen.

R. Dahlems, *Personalberater erfolgreich auswählen und führen*,
DOI 10.1007/978-3-658-03418-4_8, © Springer Fachmedien Wiesbaden 2014

Ein wichtiger Aspekt der Kontaktpflege mit dem Personalberater ist schließlich, dass der Klient auch immer Kandidat sein kann oder es zu einem bestimmten Zeitpunkt (wenn er selbst einmal eine Position sucht) auch sein möchte. Sicher wird der Personalberater bei guter Pflege gerne bereit sein, auch dem Klienten Positionen zu offerieren oder sich sogar aktiv in seinem Beziehungs-Netzwerk vertraulich nach Möglichkeiten umsehen.

Spiegel des Marktes

Seriöse Arbeit des Personalberaters beinhaltet immer frisches Research über einen be-stimmten Markt von Managern. Daraus filtert er dann im Laufe des Prozesses die finalen Kandidaten. In den vielen Telefongesprächen erfahren er und sein Team aber viele „In-sights" über bestimmte Personen und die Branche insgesamt. Damit muss er vertraulich umgehen, kann aber auf Wunsch des Klienten ein Stimmungsbild wiedergeben.

Zu den Einkommen, die in der Branche gerade gezahlt werden, erhält er sehr aktuelle Informationen. Weiterhin ist er in der Lage, zum Image des Klienten in der relevanten Zielgruppe Aussagen zu treffen.

Management Audits

Personalberater sind, wenn sie über die notwendige Systematik und langjährige Erfahrung verfügen, die idealen Partner für Management Audits. Bei solchen Audits geht es um die Beurteilung der Qualität und der Zukunftsfähigkeit von Managern, die bereits im Klienten-Unternehmen tätig sind.

Im Mittelpunkt der Audits stehen Interviews. Aufgrund der umfassenden Erfahrung und der enormen Routine mit Interviews und deren Auswertung sind Personalberater in der Lage, sehr genau und schnell die Eckpunkte der fachlichen und persönlichen Lei-stungsfähigkeit der untersuchten Personen zu erfassen und zu beschreiben. Diese wertvolle Außensicht komplettiert die interne Meinung zu den entsprechenden Personen.

Outplacement

Für die meisten Kenner der Materie passen Personalberatung und Outplacement nicht zusammen.

Outplacement ist ein Angebot, das ausscheidenden Managern helfen soll, mit der tat-kräftigen Unterstützung durch den Outplacement-Berater, eine neue Position zu finden. Kurz gesagt wird hier Hilfe zur Selbsthilfe gegeben.

Wenn der Lebenslauf des Probanden nicht sehr gut ist, kommt der Personalberater, der Outplacement und Executive Search in einer Hand hat, in Schwierigkeiten, denn seine Aufgabe ist immer, dem Klienten den besten verfügbaren Kandidaten vorzustellen. Und das ist nicht immer der Outgeplacte.

Interim Management

Manager auf Zeit zu engagieren wird immer beliebter. Die Gründe dafür sind vielfältig, z. B. um eine robuste Umorganisation mit der Freisetzung von Mitarbeitern durchzusetzen oder fehlendes Fach-Know-how (zum Beispiel Börsengang) einzubringen.

Etliche Personalberatungsunternehmen bieten auch die Vermittlung von Interim Managern an. Aus ihren umfangreichen Datenbeständen können sie entsprechende Personen herausfiltern. Damit ist aber noch nicht viel erreicht, wenn die herausgefilterten Personen noch keine Beurteilung durch den Personalberater erfahren haben. Deshalb ist es besser, dass sich Mitarbeiter „hauptamtlich" um Interim Management kümmern. Im Gegensatz zur normalen Besetzung offener Positionen drängt bei Interim Management die Zeit noch viel stärker. Der Klient erwartet über Nacht konkrete Vorschläge und oft gibt es ein „Windhund-Rennen" mit anderen Anbietern. Deshalb muss der Personalberater Kandidaten „auf Vorrat" interviewt haben, um im Bedarfsfall eine hinreichend genaue Treffsicherheit zu erzielen. Wegen laufender Search-Mandate und dem dabei üblicherweise hohen Zeitdruck kann der „normale" Personalberater diese Vorrats-Interviews aber nicht nebenbei durchführen.

Die zehn häufigsten Fehler bei der Auswahl und Beauftragung von Personalberatern

9

Suche nicht nach Fehlern, sondern nach Lösungen.
Henry Ford
(1863–1947)
Automobilhersteller

Fehler 1: Auswahl eines Personalberaters mit falscher Spezialisierung und/oder falschem Niveau

Wenn man beispielsweise in der Konsumgüter-Branche Kandidaten für die Besetzung einer Führungsposition suchen will, ist man gut beraten, keinen Personalberater zu beauftragen, der seine Berufs- und Beratungserfahrung im Bereich der Financial Services gemacht hat. Dies leuchtet unmittelbar ein.

Ganz so einfach ist es aber in der Realität nicht, denn viele Personalberater „verschleiern" ihre Erfahrungen, behaupten alles – oder zumindest vieles – zu können und es käme ja vor allem auf das Search-Know-how an.

Nun ist es aber so, das unterschiedliche Branchen unterschiedlich „ticken", ein unterschiedliches Tempo haben, unterschiedliche Fach-Vokabeln benutzen und auch unterschiedliche Manager-Typen verlangen. Ein Unternehmen, das beispielsweise Stahlbau betreibt ist nur begrenzt von seiner Aufbau- und Ablauf-Organisation sowie von seinen Prozessen und seiner Kultur mit einer Versicherung zu vergleichen.

Hinzu kommt das Netzwerk des Personalberaters, das sich bei einer Branchenspezialisierung nach einer Zeit als sehr wirkungsvoll erweisen kann.

Ist die Branche allerdings klein, birgt die Spezialisierung des Personalberaters sogenannte „Off-Limits-Probleme". Er hat dann etliche Klienten in der Branche, bei denen er für andere Branchen-Unternehmen nicht suchen darf, da die Klienten eine entsprechende Garantie haben. Mancher Branchenspezialist „vergisst" dann schon einmal gerne seine „Off-Limits", was zu unangenehmen Komplikationen führt.

R. Dahlems, *Personalberater erfolgreich auswählen und führen,*   77
DOI 10.1007/978-3-658-03418-4_9, © Springer Fachmedien Wiesbaden 2014

Weiterhin ist es oft gut und wichtig, auch außerhalb der eigenen Branche zu suchen, um neues Gedankengut zu bekommen und aus dem „Bäumchen-wechsel-Dich"-Spiel einer Branche auszubrechen.

Arbeitet man dann mit einem Personalberater mit enger Branchenspezialisierung zusammen, hat dieser in der erweiterten Zielgruppe von Unternehmen Orientierungsprobleme.

Wie kann der Klient nun herausfinden, ob er mit dem Personalberater einem echten Branchenkenner begegnet? Die Berater argumentieren gerne mit Vertraulichkeit, wenn man sie nach anderen Klienten aus der Branche fragt. Dies ist aber eigentlich nicht haltbar, denn in jedem Projekt für einen Klienten werden einzelne Kandidaten den Klienten-Namen früher oder später erfahren. Eine – wenn auch begrenzte – Anzahl von Menschen in einer Branche weiß also schon, dass der Personalberater für den Klienten tätig ist. Zudem haben die meisten Klienten auch kein Problem damit, dass der Personalberater diese Geschäftsbeziehung offenlegt, solange dies seriös, vertraulich und ehrlich geschieht.

Verschweigt der Personalberater konsequent die Namen angeblicher Klienten in der Branche, weist dies deshalb darauf hin, dass er hier nicht wirklich zuhause ist.

Sehr schnell kann man auch über die Branchen-Terminologie im Gespräch mit dem Personalberater dessen Know-how feststellen. Wenn ein Personalberater im Konsumgüter-Bereich mit Begriffen wie Key Account Management, above-and-below-the-line, Couponing oder Incentive-Verkaufsprogramme umgehen kann, dürfte er in dieser Branche Erfahrungen haben.

Ein Personalberater im Maschinenbau dagegen kennt sich in fertigungsorientierter Produktentwicklung, Plattform- und Gleichteile-Konzepten oder mehrstufiger make-or-buy-Entscheidungen aus.

Eine andere Art der Spezialisierung kommt bei Personalberatern seltener vor: die Konzentration auf bestimmte Funktionen im Unternehmen. Hier finden sich beispielsweise Spezialisten für Finanz-Manager vom CFO bis zum Buchhaltungsleiter, für IT-Manager, für Human Resources-Manager, für Vertriebs- und Marketing-Manager, für Juristen oder Entwicklungsingenieure und vieles mehr. Gelegentlich werden solche Funktionsspezialisten dann auch nur in bestimmten Branchen aktiv.

Gerne geben sich Personalberater als Spezialisten für die obersten Unternehmensebenen aus, seien es Aufsichtsratsmitglieder, Vorstände, Geschäftsführer und leitende Direktoren. Hier sind die Einkommen und damit auch die Honorare am höchsten.

Um solche Positionen besetzen zu können, bedarf es jedoch besonderer Voraussetzungen.

Die in Frage kommenden Kandidaten sind etablierte Manager mit einer sehr guten Ausbildung, starkem Charakter und in der Regel auch hohem Bildungsniveau. Nimmt man zu solchen Personen Kontakt auf, muss es „auf Augenhöhe" geschehen.

Für die oberen Management-Positionen setzt dies in der Regel ein reiferes Lebensalter, hervorragende aber strukturierte Kommunikationsfähigkeiten, ein gewisses Maß an Bildung sowie einen selbstsicheren, aber ausgewogenen Auftritt (kein „Blender") des Personalberaters voraus.

Fehler 2: Zu viele Aufträge an einen Personalberater geben

Eine Erfahrungsregel besagt, dass ein Personalberater im Executive Search pro Jahr ca. 25–30 Projekte qualifiziert abwickeln kann. Dies gelingt aber nur, unter der Voraussetzung, dass er 5–7 Projekte parallel bearbeitet, wenn man unterstellt, dass sich die Auftragseingänge des Personalberaters mehr oder weniger linear über das Jahr verteilen (was im Grunde genommen wenig realistisch ist).

Damit ist klar, dass man an einen Personalberater nicht mehr als 5–6 Projekte auf einmal vergeben sollte, wenn man wirklich in allen Fällen will, dass diese eine Person, der man vertraut, alle Auswahlgespräche führt, die Präsentationen begleitet und das Follow-up macht. Diese Zahl ist auch deshalb realistisch, weil man bedenken muss, dass Personalberater immer auch noch für andere Klienten parallel Aufträge bearbeiten.

Es gab da den Fall der Allein-Inhaberin des international bedeutenden, deutschen Automobilzulieferers, die angesichts ihres Alters von 78 Jahren erkannte, dass es höchste Zeit wurde, die weltweiten Management-Positionen ihres 4.500-Mitarbeiter-Unternehmens komplett zu überprüfen und durch zahlreiche (jüngere) Neubesetzungen für die Zeit nach ihr fit zu machen.

Die sehr nette, elegante und eloquente Personalberaterin hatte ihr Herz gewonnen und so erteilte die Inhaberin in wenigen Wochen 40 Aufträge. Die Honorierung wurde erfolgsunabhängig in jeweils 3 Raten mit Monatsabstand vereinbart, so dass am Jahresende € 1,6 Millionen Honorar plus ca. 18 % pauschale Spesen bezahlt waren.

Die Personalberaterin strengte sich mit ihrem Research-Team sehr an, versuchte aber beispielsweise auch die Geschäftsführer für Brasilien, Indien, Türkei und China aus Deutschland direkt zu besetzen. Es war eine völlige Überforderung und am Ende waren nur 5 von 40 Positionen besetzt. Das Vertrauen der Inhaberin war komplett zerstört, es kam zum Zerwürfnis und schließlich wurde das Unternehmen der „alten Dame" an einen Finanz-Investor verkauft.

So sollte man es nicht machen.

Fehler 3: Zu große oder falsche Erwartungen an Qualität und Quantität der Kandidaten

> Beide schaden sich selbst: der, der zu viel verspricht und
> der, der zu viel erwartet.
> Gotthold Ephraim Lessing
> (1729–1781)
> Bedeutender Dichter der
> deutschen Aufklärung

Mancher Klient hat den Traum von dem berühmten „five legged sheep", wenn er die gesuchte Person beschreibt: jung aber mit langer Führungserfahrung, kooperativ im Umgang aber klar in der Richtung und äußerst entscheidungsfreudig, strategisch denkend aber stark in der Umsetzung usw.

Sicher sollte man einen Ideal-Kandidaten beschreiben, jedoch ein wenig Realismus ist gut. Insbesonders kann der markterfahrene Personalberater Hinweise geben, auf die man hören sollte. Klienten denken oft, der Personalberater macht nur deshalb die ein oder andere Einschränkung bei dem zu besetzenden Profil, um es sich einfacher zu machen. Dies mag vorkommen, ist jedoch eher die Ausnahme, zumal der seriöse Personalberater zusagt, eine umfassende Analyse der relevanten Zielgruppen durchzuführen und alles dokumentiert. Er kann auf diese Art sehr schnell den Markt abbilden und seine Realismus-Thesen stützen.

Weiterhin haben viele Klienten den Wunsch 5 oder mehr Kandidaten für eine Position zu interviewen. Dies setzt voraus, dass es im Kandidaten-Markt eine entsprechende Anzahl von Personen gibt, die

- gut auf das zu besetzende Profil passen (fachlich und persönlich)
- (je nach Klient) auch das Niveau für eine (erhebliche) Weiterentwicklung über die konkrete Position hinaus haben (obwohl dafür bei vielen Klienten die Positionen fehlen)
- überhaupt ein Wechselinteresse und entsprechende, wirklich tragfähige Motive haben
- in die Einkommensstruktur des Klienten passen und
- Nebenbedingungen wie Mobilität und eine akzeptable Kündigungsfrist erfüllen.

In einem immer engeren Führungskräftemarkt mit zunehmender Karrieremüdigkeit gelingt es dem Personalberater auch bei gründlicher und intensiver Arbeit nicht immer 5 oder mehr Kandidaten zu entwickeln, die gleichwertig sind; denn Gleichwertigkeit der präsentierten Kandidaten ist immer sein Ziel. Es hilft dem Klienten nicht, wenn der Personalberater zwei gute und drei schwache Kandidaten präsentiert.

Wenn das Vertrauensverhältnis und die Erfahrungen zwischen Klient und Personalberater gut sind, können oft die 2–3 besten Kandidaten vorgefiltert werden und es wird keine Zeit für unnötige Gespräche mit schwächeren Kandidaten durch den Klienten vertan.

Fehler 4: Schleppende Kandidatensichtung und -abwicklung durch den Klienten

> Einszweidrei im Sauseschrifft
> läuft die Zeit,
> wir laufen mit.
> Wilhelm Busch
> (1832–1908)
> Humoristischer Dichter und Zeichner

Einer der größten Fehler des Klienten ist ein unzureichendes Tempo bei der Sichtung der vom Personalberater vorgeschlagenen Kandidaten. Es hat sich bewährt, kurzfristig nach

Erhalt der Vertraulichen Berichte über die vorgeschlagenen Kandidaten eine möglichst kompakte Interviewrunde mit den Kandidaten durchzuführen. Idealerweise sollten die 3 besten Kandidaten aus der Short-List an einem Tag eingeladen werden. So erlebt der Klient unmittelbar die Unterschiede, die Stärken und Schwächen der einzelnen und kann diese gegeneinander abwägen. Zieht man den Interview-Zeitraum in die Länge, wird es immer schwieriger, sich an die schon interviewten Kandidaten zu erinnern, selbst wenn man sich Notizen macht. Ist es nicht möglich, diese Präsentation an einem Tag stattfinden zu lassen, ist eine Periode von maximal einer Woche, in der alle Kandidaten gesehen werden, sinnvoll.

Wenn eine zügige erste Runde gelingt, sollte mit dem Lieblingskandidaten für die zweite Gesprächsrunde nicht lange gewartet werden. Selbst bei hohem Interesse stehen Kandidaten nicht endlos zur Verfügung, denn die guten Kandidaten sind sehr knapp und werden permanent durch andere Personalberater auf interessante Positionen angesprochen, ggfs. auch während der Wartezeit zwischen dem ersten und zweiten Interview.

Da der zweitbeste Kandidat für einige Zeit vom Personalberater um Geduld gebeten wird, um eventuell in eine zweite Gesprächsrunde zu gehen, wenn es mit dem Kandidaten der ersten Wahl nicht zum Abschluss kommt, hat dieser Zweitbeste eine umso längere Wartezeit.

Manche Klienten führen auch noch eine dritte oder gar vierte Gesprächsrunde durch. Mal abgesehen von einem kurzen Gespräch mit dem Vorgesetzten des Einstellenden („Großvater-Prinzip") bringen solche Runden weder dem Klienten noch dem Kandidaten neue Erkenntnisse. Leider verlangen manchmal bestimmte Regelungen in Großkonzernen dies.

Wenn der Klient einen guten, akzeptablen Kandidaten aus der ersten Interviewrunde selektiert hat (und ein ebenso akzeptabler Zweitbester gefunden wurde), sollte er nicht nach weiteren Kandidaten fragen. Der Personalberater versucht nämlich immer, die besten Kandidaten, die ihm im Laufe des Such-Prozesses begegnet sind, zu präsentieren. Was er „nachliefern" kann, ist meist nicht besser als die erste Runde.

Unerfahrene Personalberater machen manchmal den Fehler, den Klienten in einem schon weit fortgeschrittenen Selektionsprozess einen überraschend aufgetauchten Kandidaten zu präsentieren, den der Klient dann auch interessant findet. Dies führt zur Verunsicherung des Klienten, hält den Selektionsprozess an, zieht die Wartezeit für die schon vorselektierten Kandidaten in die Länge und kann bei diesen zur Verärgerung führen. Nur bei außerordentlicher Qualität des zusätzlich gefundenen Kandidaten kann man diese Zeitverzögerung hinnehmen.

Der Personalberater sollte die erste Kandidaten-Präsentation erst dann ansetzen, wenn er relativ sicher sein kann, die besten im Markt verfügbaren Kandidaten schon gesehen zu haben. Dafür muss der Klient dann gelegentlich etwas mehr Geduld bis zur ersten Präsentationsrunde aufbringen.

Was passieren kann, wenn man den Prozess zu lang hinzieht, zeigt die nachfolgende Fallstudie.

Fallstudie: Zu lange gezögert

Projekt: Einkaufsleiter Der Auftrag an den Personalberater kam kurz vor Weihnachten. Bei dem Hersteller von Automatisierungstechnik in Baden-Württemberg, der zu einem dezentral geführten Konzern in der Hand eines Finanzinvestors gehört, hatte der Leiter des Einkaufs gekündigt. Im Unternehmen hatten die Geschäftsführer keinen geeigneten Nachfolger gesehen und überhaupt wollte man hier „frisches Blut" einführen, um die Organisation und die Prozesse zu verbessern.

Anfang des neuen Jahres begann die Suche. Nach ca. 4 Wochen hatte der Personalberater 7 Kandidaten interviewt. Er schlug daraus 3 Kandidaten vor, da ihm die anderen letztlich nicht geeignet erschienen. Im Hintergrund lief die Suche weiter.

Nachdem der Klient die Vertraulichen Berichte über die Kandidaten gelesen hatte, schlug er eine Interviewrunde mit den 3 Kandidaten vor, die 4 Wochen später stattfinden sollte, da dazwischen die Osterferien lagen.

Nur zwei Kandidaten konnten den Termin wahrnehmen.

Ein Kandidat gefiel besonders, denn er stammte aus der Branche, hatte internationale Einkaufserfahrung inkl. China und Osteuropa, ein ähnlich großes Team von ca. 30 Personen an unterschiedlichen Standorten schon geführt, eine passende Persönlichkeit und ein starkes Wechselmotiv, denn sein jetziger Arbeitgeber hatte deutliche wirtschaftliche Schwierigkeiten wegen Auftragsmangel, der strukturell bedingt war. Kurz gesagt also ein 95 %-Kandidat.

Der Personalberater gab dem Kandidaten eine positive Rückmeldung, musste ihn aber zeitlich hinhalten, da der Klient noch den dritten Kandidaten interviewen wollte. Dies nahm weitere 14 Tage in Anspruch. Erwartungsgemäß konnte dieser Kandidat den zunächst ausgewählten nicht schlagen.

Unglücklicherweise tauchte zu diesem Zeitpunkt beim Personalberater ein weiterer Kandidat auf, der eine Mischung aus Erfahrung in der Einkaufsberatung und operativem Einkauf mit brachte und persönlich sehr überzeugte.

Diesen deutlich überdurchschnittlichen Kandidaten wollte der Personalberater seinem Klienten nicht vorenthalten.

Der 95 %-Kandidat wurde vom Personalberater weiter vertröstet. Darauf reagierte dieser schon etwas ungehalten. Er war zwar nach wie vor sehr interessiert, hatte aber noch andere Angebote und wollte eine schnelle Entscheidung nach einer zweiten Gesprächsrunde, einer Werksbesichtigung und Klärung einiger Fragen.

Darauf ging der Klient nicht ein. Er wollte seinen Prozess in Ruhe weiter durchziehen. Nach ca. 10 Tagen kam es zum Interview mit dem neuen Kandidaten, der zwar anders als die bisherigen war, aber sehr interessant erschien.

Der Klient wollte ihn zunächst in einer weiteren Gesprächsrunde haben, die in der darauf folgenden Woche stattfand. Der Personalberater vertröstete den 95 %-Kandidaten ein weiteres Mal.

Nach der zweiten Gesprächsrunde sagte der neue Kandidat plötzlich ab. Nun wollte der Klient mit dem 95 %-Kandidaten abschließen. Der kam auch zu einer weiteren

Gesprächsrunde und besichtigte das Werk, was ihm offensichtlich gut gefiel. Er wollte jedoch Bedenkzeit über das Wochenende. Danach sagte auch er ab, denn er habe sich zuletzt als „Not-Nagel" gefühlt und auch die Vertragsbedingungen seien nicht so gewesen, dass er sich angezogen gefühlt habe.

Zwischen dem ersten Interview des Kandidaten mit dem Personalberater und dem zweiten Gespräch mit dem Klienten waren 10 Wochen vergangen. Trotz mehrfacher Kontakte mit dem Personalberater hatte der Kandidat das Gefühl, dass der Klient in der ganzen Zeit auf der Suche nach „etwas besserem" war. Dies verunsicherte ihn letztlich bezüglich der Überzeugung des Klienten von seiner Person und dürfte der Hauptgrund der Absage gewesen sein.

Fehler 5: Einseitige Interviews

Ich kann andere Leute nicht ausfragen,
weil ich immer über mich selbst rede.
Harald Juhnke
(1929–2005)
Schauspieler und Entertainer

Eine alte Weisheit sagt: „Der Mensch hat zwei Ohren und einen Mund". Im gleichen Verhältnis sollten Zuhören und Sprechen stehen.

Viele Klienten kennen diese Regel nicht. Das Kandidaten-Interview wird zum einseitigen Monolog, der vor allem der Selbstdarstellung des Klienten dient. Dies mag dem Kandidaten einiges über die Person sagen, mit der er in Zukunft zusammenarbeiten soll. Der Erkenntnisgewinn des Klienten über den Kandidaten bleibt jedoch gering. Es ist übrigens eine alte und belegte Erfahrung, dass eine solche Einseitigkeit sowie ein solches Monologisieren durch den Ausführenden als angenehm empfunden wird und das Interview dann vom Klienten mit der der Bewertung abgeschlossen wird, dies sei doch ein sehr gutes Gespräch gewesen.

Genauso fatal ist eine umgekehrte Einseitigkeit, bei der der Kandidat mit Fragen „gelöchert" wird und selbst nur in den letzten 5 Minuten der zur Verfügung stehenden Zeit eigene Fragen stellen darf. Er wird ein ungutes Gefühl mitnehmen und die immer wichtiger werdende aktive Werbung um den Kandidaten war nicht ausreichend, um ihn für vertiefende Gespräche in einer weiteren Runde zu gewinnen.

Fehler 6: Direkte Vorgesetze der Position unzureichend einbeziehen

Einige Positionen sind der Geschäftsführung so wichtig, dass sie sich selbst in die Auswahl einbringt. Wenn sich dies auf die jeweils darunter befindliche Hierarchie-Ebene bezieht, ist dies selbstverständlich. Auch das sogenannte „Großeltern-Prinzip", nachdem die übernächste Hierarchie-Ebene noch einen abschließenden Blick auf die Kandidaten wirft, ist gängige Praxis und vernünftig.

Schwierig kann es erst werden, wenn die „Großeltern-Ebene" direkt in der „Enkel-Ebene" aussucht und der „Eltern-Ebene" nur den finalen Kandidaten (Alibi-mäßig) vorstellt.

Die direkten Vorgesetzten fühlen sich dann übergangen und weniger wertgeschätzt. Zudem hat der eingestellte Kandidat manchmal das Gefühl, er könne sich in Zukunft direkt an die „Großeltern-Ebene" wenden, ohne sich mit seinem direkten Vorgesetzten aufzuhalten. Wenn die „Großeltern-Ebene" die zu besetzende Position besonders wichtig für den Unternehmenserfolg wertet, kann sie sich von Anfang an in die Suche mit einschalten und an den Gesprächen teilnehmen. Die Führung sollte aber bei der direkten Vorgesetzen-Ebene belassen werden.

Fehler 7: Ungenügende Wertschätzung und Werbung um den Kandidaten

Es ist mehr wert, jederzeit die Achtung der Menschen zu haben,
als gelegentlich ihre Bewunderung
Jean-Jacques Rousseau
(1712–1778)
Schriftsteller, Philosoph, Pädagoge,
Naturforscher und Komponist der Aufklärung

Sehr gute Kandidaten, die zudem auch noch ein ausreichendes Motiv für den Wechsel an sich und gerade zum Klienten haben, sind rar.

Viele Klienten sind sich dessen nicht bewusst und behandeln die Kandidaten im Selektionsprozess nicht mit den notwendigen verkäuferischen Mitteln hinsichtlich der Attraktivität des eigenen Unternehmens und der diskutierten Position.

Das gilt für die geschickte Darstellung der Fakten einerseits, aber auch für die positive persönliche Beziehung, die der Klient im Gespräch herstellen sollte. Für den direkten Vorgesetzten der zu besetzenden Position gilt dies im Besonderen, denn mit ihm muss der Kandidat in den nächsten Jahren eng zusammen arbeiten.

Dazu gehört das faire Interview. Man sollte dabei nicht dem Irrtum verfallen, Kandidaten für Bewerber zu halten. Im Executive Search sind die angesprochenen, interessierten und vorgestellten Personen in der Regel in einem festen und guten Arbeitsverhältnis. Sie sind nicht gezwungen, auf das Angebot des Klienten einzugehen, wenn ihnen Zweifel bleiben. Sie haben sich auch nicht beworben, sondern sind vom Personalberater kontaktiert worden und haben grundsätzliches Interesse gezeigt.

Ein persönliches (telefonisches) Nachfassen des Interviewers auf Klienten-Seite nach dem Gespräch („Wie hat Ihnen das Gespräch gefallen? Sind Sie weiter interessiert? Gibt es noch Fragen?") kommt ebenfalls gut an. Dann merkt der Kandidat, dass man ernsthaft an ihm interessiert ist und sich um ihn kümmert.

Sollte es – aus hoffentlich guten Gründen – zu Verzögerungen für eine weitere Gesprächsrunde kommen, hat es sich bewährt, dass der Klient selbst dem Kandidaten diese Situation mitteilt und erklärt und es nicht einfach dem Personalberater überlässt, allerdings diesen darüber informiert.

Mit der immer schwieriger werdenden demografischen Entwicklung und den weiter steigenden Ansprüchen der Klienten ist es noch wichtiger geworden, um die guten Kandidaten zu werben.

Auch das leichtfertige Aussortieren von Kandidaten vor oder nach Interviews ist vor diesem Hintergrund gefährlich. Vorurteile, die unglaublich klingen mögen, aber alle so schon in realen Fällen vorgekommen sind:

- Die Wechselmotive sind nur monetär oder privat („Endlich gibt es einmal einen richtigen Gehaltssprung", „Partnerin lebt und arbeitet hier", „Wir können in das Haus der Eltern an diesem Ort einziehen und die Großeltern können auf die Kinder aufpassen").
- Der Kandidat fragt nach öffentlichen Verkehrsmitteln – will er früh Feierabend machen oder ist ihm gar der Führerschein entzogen worden?
- „Die Haare sind viel zu lang."
- „Ein heller Sommeranzug war ja wohl total unpassend."
- „Der ist ja aus Sachsen."
- „Vollbart – das geht ja gar nicht."
- „He is not as global as we are."
- „Die hessische Sprachfärbung kann ich nicht ab."

Weiterhin sind die Räumlichkeiten, in denen die Interviews stattfinden, Kandidatenwerbung oder auch nicht. Es ist eben ein Unterschied, ob das Gespräch mit dem Kandidaten für die Vertriebsdirektor-Position im Besprechungsraum der Geschäftsführung stattfindet oder im 14-m²-Büro des betreuenden Personalreferenten. Zwar ist es heute noch durchgängig üblich, als guter Gastgeber auch Kaffee und kalte Getränke anzubieten, gelegentlich findet man aber sogar bei börsennotierten Unternehmen nur noch die formschöne Glaskaraffe mit Leitungswasser auf dem Tisch.

Manchmal treten Klienten auch in der falschen Kleidung auf, wie die folgenden Beispiele zeigen.

Fall 1: Alter Adel

Der Inhaber des mittelständischen Herstellers von Haushaltsgeräten stammte aus einem alten Adelsgeschlecht. Baron von Altenhausen[1] war groß gewachsen, hatte nach hinten gegelte, etwas längere Haare und einen schneidigen Auftritt.

---

[1] Name geändert.

Die Suche nach dem neuen Geschäftsführer für sein Unternehmen war in der Präsentationsphase angekommen. Der Personalberater hatte Kandidaten gefunden, die aus dem Branchenumfeld stammten und auch gute Wechselmotive vortrugen.

Zur Vorstellung hatte der Baron in sein innerstädtisches Privat-Büro geladen, das in einem herrschaftlichen Gebäude (im Besitz des Barons) aus den Gründerjahren am Düsseldorfer Hofgarten lag. Der Personalberater war da, der erste Kandidat war da, nur der Baron fehlte. Mit ca. 20 Minuten Verspätung, die seine Assistentin geschickt mit Kaffee und Keksen überbrückte, tauchte der Baron auf. Welche Überraschung: leicht verschwitzt, in Polohemd und Reithosen, verschmutzten Reitstiefeln und noch die Gerte in der Hand, begrüßte er die Anwesenden mit kurzem Kopfnicken und der Aussage: „Jetzt zeigen Sie mal kurz auf, Herr Kandidat, was Sie so drauf haben!" Dem blieb zunächst „die Spucke weg". Sollte das der Stil seines zukünftigen Chefs sein?

Fanden Geschäftsbesprechungen womöglich demnächst im Pferdestall statt? Oder war diese Art von Beschäftigung für den Baron womöglich wichtiger als seine Firma?

Der Kandidat kämpfte sich tapfer durch die 30 Minuten, die der Baron gewährte. Am nächsten Tag sagte er dann allerdings ab, wie die beiden anderen präsentierten Kandidaten auch.

Fall 2: Blue Jeans

Die Präsentation des Kandidaten für die Leitung des Entwicklungs- und Konstruktionsbereiches des Baumaschinenherstellers am Bodensee fand am Montagmorgen um 11.00 Uhr statt.

Der gut gekleidete Kandidat (nach dem Motto: Ziehe Dich für ein Vorstellungsgespräch immer so an, wie bei einer Präsentation von Arbeitsergebnissen und Vorschlägen, die Du vor der Geschäftsführung hältst.) war pünktlich vor Ort. Da er aus Köln anreisen musste, war er schon am Sonntagnachmittag gekommen, hatte sich ein wenig umgeschaut und war früh ins Bett gegangen. Der gleichfalls anwesende Personalberater, der in Stuttgart arbeitete, kam am Morgen ohne Probleme zum Termin, natürlich in seiner „Arbeitskleidung", dem dunklen Anzug mit einer hübschen Krawatte.

Der Geschäftsführer kam etwas später zum Termin. Seine Familie lebte im Frankfurter Raum und bei seiner Anreise zum Bodensee am Montagmorgen war er in erheblichen Verkehr geraten. Für die Fahrt aus Frankfurt hatte er ein kariertes Freizeithemd und eine Jeans getragen, die er in seiner kleinen Wohnung vor Ort am Bodensee noch gegen ein Business-Outfit tauschen wollte. Das ging nun nicht mehr, weil er ca. 40 Minuten zu spät war. So passte seine Kleidung nun so gar nicht zum Termin. Zwar erklärte er die Situation, aber der Kandidat machte sich so seine Gedanken. Waren dem Geschäftsführer der Termin und die Person des Kandidaten gar nicht so wichtig, dass ihm dies eine sonntägliche Anreise wert gewesen wäre? Wie würde die Wertschätzung in einer späteren Zusammenarbeit sein? Am nächsten Tag sagte der Kandidat (natürlich mit einer anderen Begründung) ab.

Wertschätzung für den Kandidaten ist auch, wenn der zukünftige Vorgesetzte nach dem Gespräch den Kandidaten in das Foyer begleitet oder zumindest zum Aufzug bringt. Auf diesem Weg kann auch das eine oder andere persönliche, private Wort die Bindung des Kandidaten verstärken und auch weitere Erkenntnisse über dessen Persönlichkeit bringen.

Fehler 8: Fehleinschätzung der Wechselmotive vom Kandidaten

Wandel und Wechsel liebt, wer lebt.
Richard Wagner
(1813–1883)
Deutscher Komponist

Immer noch glauben die Klienten, das dominante, ja fast einzige Motiv für die Attraktivität eines Wechsels eines Kandidaten sei das Renommee ihres Unternehmens und die angebotene Aufgabe. Bringt der Personalberater in seinem vertraulichen Bericht oder der Kandidat im Gespräch auch andere Motive ins Spiel, die seine Wechselbereitschaft steuern, ist der Klient irritiert. Insbesondere für privat gehaltene Gründe, wie:

- Die Firma liegt näher zu meinem Wohnort.
- Mein zukünftiger Mann arbeitet am gleichen Ort und wir können endlich zusammen ziehen.
- Das Unternehmen ist in einer Großstadt mit vielfältigen kulturellen Möglichkeiten.
- Die Work-Life-Balance mit geregelten/flexiblen Arbeitszeiten und eventuellen Heimarbeitstagen scheint beim Klienten ausgewogener zu sein als bisher.
- Endlich gibt es einen Firmenwagen.
- Ich verdiene 20 % mehr als bisher

werden als Wechsel-Treiber skeptisch gesehen.

Meist ist es aber eine Reihe von Motiven, die für einen Wechsel zusammen kommen müssen. Vor allem die jüngere Generation unter 40 Jahren sieht in der Karriere mit zunehmender zeitlicher und psychischer Belastung sowie einer höheren Verantwortung alleine oft keine ausreichende Wechselmotivation.

Der Personalberater hat immer die Aufgabe, die Ernsthaftigkeit der Wechselmotive zu hinterfragen und dann dem Klienten aufzuzeigen. Nur Kandidaten mit ausreichenden (mehrteiligen) Motiven bieten die Gewissheit einer ernsthaften Kandidatur und verschwenden in Gesprächen nicht die Zeit der Beteiligten.

Fehler 9: Falsche und zu viele Gesprächspartner im Unternehmen des Klienten

Manche Klienten lassen die Personalabteilung die erste Gesprächsrunde mit den vom Personalberater vorgeschlagenen Kandidaten durchführen.

Dahinter steckt die Überlegung, dass dem Fach-Vorgesetzten keine Interviews mit unbrauchbaren Kandidaten zugemutet werden sollen, indem die Personalabteilung diese schon vorher aussortiert. Allerdings heißt dies nichts anderes, als dass man dem Personalberater diese Filterfunktion, für die er auch bezahlt wird, nicht zutraut.

Aus Sicht des Kandidaten ist diese Vorgehensweise verheerend. Er nimmt sich Urlaub, reist womöglich von weit her an und trifft nicht die Person, mit der er später zusammen arbeiten soll. Mit der Personalabteilung hat er später nur am Rande zu tun. Die Kandidaten interpretieren ein solches Vorgehen aber auch dahingehend, dass der Fachvorgesetzte sich für eine der wichtigsten Entscheidungen, nämlich der Auswahl seiner Mitarbeiter nicht die Zeit nimmt. Wie viel Zeit wird er dann später für seinen neu eingestellten Mitarbeiter haben?

Außerdem ist die Personalabteilung nur begrenzt in der Lage, spezifische Fachfragen zur angebotenen Aufgabe zu beantworten. Ein Kandidat geht aus einem solchen Gespräch unbefriedigt und mit verhaltenen Gefühlen heraus.

Die Personalabteilung „vorzuschicken" geschieht auch deshalb, weil man die Rolle des Personalberaters falsch interpretiert. Er hat die Aufgabe strikt vorzuselektieren und nur Kandidaten zu präsentieren, die die Position ausfüllen können. Die Aufgabe der Personalabteilung ist deshalb nicht, dem Fachvorgesetzten die „schwachen Kandidaten des Personalberaters vom Hals zu halten", damit dieser keine Zeit verschwendet. Ein Personalberater, der die qualitativ hochwertige Vorselektion nicht vornimmt, ist für eine Zusammenarbeit nicht geeignet.

Hinzu kommt, dass die Personalabteilung oft andere Aspekte des Kandidaten betrachtet als der Fachvorgesetzte. Vielleicht ist Letzterem die Internationalität eines Kandidaten ausreichend, während die Personalabteilung dies anders sieht. So fallen gute Kandidaten manchmal früh durch das „Raster".

Eine solche Vorgehensweise führt außerdem zu mehr Gesprächsrunden als notwendig. Wenn man im Auge behält, dass die guten Kandidaten alle aus festen Arbeitsverhältnissen kommen und für jedes Gespräch Urlaub nehmen müssen, darüber hinaus oft weit anreisen, ist ein zeitlich kompakter Prozess unbedingt zu empfehlen.

Jedenfalls dürfte es übertrieben sein, wenn der Kandidat für die Senior-Brand-Manager-Position für einen internationalen Tierfutter-Hersteller folgende (in der Realität erlebte) Interview-Runden absolvieren muss:

Beispiel

08 Mai Interview mit dem Personalberater

31. Mai Interview mit der Personalabteilung

19. Juni Interview mit dem Marketingleiter des Klienten (direkter Vorgesetzter)

08.Juli Interview mit dem Geschäftsführer Marketing/Vertrieb des Klienten

18. Juli Video-Interview mit dem Vice President Marketing für die Produktkategorie weltweit in den USA

03. August Einbestellung zur Vertragsbesprechung mit der Personalabteilung

Es ging – wie gesagt – nicht, wie man meinen könnte um die Position des neuen Deutschland-Geschäftsführers für das Unternehmen, sondern nur um einen Senior-Brand-Manager.

Fehler 10: Unzureichendes vertragliches Angebot des Klienten

Es gibt Leute, die gut zahlen, die schlecht zahlen,
Leute, die prompt zahlen, die nie zahlen,
Leute, die schleppend zahlen, die bar zahlen,
abzahlen, draufzahlen, heimzahlen –
nur Leute, die gern zahlen, die gibt es nicht.
Georg Christoph Lichtenberg
(1742–1799)
Mathematiker und der erste deutsche Professor für Experimentalphysik

Mit dem Wechsel zu einem anderen Unternehmen ist neben der Attraktivität des Klienten-Unternehmens an sich in aller Regel ein Karriereschritt (größere Verantwortung, höhere Hierarchiestufe, mehr Mitarbeiter etc.) verbunden. Ansonsten fehlt ein treibendes Motiv für diesen Schritt in die Unsicherheit.

Der Wechsel und der Karriereschritt müssen sich auch materiell lohnen, damit die „Hygiene" stimmt.

Allgemein hat sich eingebürgert, dass ein solcher Schritt ca. 15 % – 20 % Einkommenszuwachs bringt. Dies ist für den Klienten auch kein Problem, denn der gute Personalberater wird nur solche Kandidaten präsentieren, die heute ein Einkommen beziehen, dass mindestens 15 % – 20 % unter dem budgetierten Einkommen beim Klienten liegt.

Trotz der weit verbreiteten Bekanntheit dieser Regel versuchen manche Klienten, zu „pokern". Sie bieten zum Beispiel das gleiche Fest-Gehalt pro Monat und nur einen entsprechend höheren Bonus an, um insgesamt die 15 % – 20 % Plus zu erreichen.

Da der Bonus von Erfolgsfaktoren abhängt, die nur zum Teil vom Kandidaten zu beeinflussen sind (zum Beispiel Ertragskraft des Unternehmens), steht die Erhöhung der Bezüge aus Kandidatensicht auf „tönernen Füssen". Außerdem spürt der Kandidat monatlich keinen Zuwachs in seinem Portemonnaie, obwohl eventuell sogar höhere Kosten wegen Umzug oder längerem Weg zur Arbeit auf ihn zukommen.

Klüger und fairer ist es, konsequent auch das Festgehalt um 15 % – 20 % zu erhöhen, denn diese Erhöhung spürt der Kandidat schon am Monatsende auf seinem Konto, während der Bonus erst 12–18 Monate später bezahlt wird. Wenn dies – aus welchen Gründen auch immer – nicht geht, muss man sich als Klient mit Kandidaten abfinden, die ein geringeres Einkommensniveau mitbringen und damit vielleicht noch nicht „so weit sind", wie man es sich für die Position erhofft hatte.

Zwölf Gründe, warum ein Personalberater gerne mit dem Klienten zusammenarbeitet

10

Vgl. dazu auch: Dahlems, Rolf: „Warum ein Headhunter Sie zum Kandidaten macht", in: Eicker, Anette (Hrsg.): Jobguide Professional; matchboxmedia, Düsseldorf 2012.

Grund 1: Der Klient sucht einen Personalberater aus, der seine Branche besonders gut kennt

Wenn die Branche und das Geschäftsmodell des Klienten vergleichbar oder ähnlich zur Erfahrungswelt des Personalberaters sind, fühlt er sich sofort zuhause. Er kann Informationen und Kontakte aus der Vergangenheit nutzen, Synergien schöpfen, kommt schnell zum Ziel und sieht gut aus. Muss er sich erst in eine „neue Welt" einarbeiten, die Schlagworte und die „Branchen-Terminologie" lernen, kostet dies Zeit und Geld.

Grund 2: Der Klient ist ein erfolgreiches Unternehmen

Erfolgreiche Unternehmen sind für Kandidaten attraktiv. Dies erleichtert die Arbeit des Personalberaters. Der Klient hält eine Beschreibung der besonderen Erfolge des Unternehmens in Kurzform bereit, damit der Personalberater damit Kandidatenwerbung betreiben kann. Pläne für glaubhafte und nachvollziehbare Expansionen für die Zukunft sind ebenfalls ein guter Aufhänger. Gerade Mittelständler und relativ unbekannte Unternehmen mit „Low-Interest-Produkten" müssen ihre besonderen Erfolge schon im Suchprozess des Personalberaters präsentieren lassen, damit sie attraktiver sind.

R. Dahlems, *Personalberater erfolgreich auswählen und führen*, DOI 10.1007/978-3-658-03418-4_10, © Springer Fachmedien Wiesbaden 2014

Grund 3: Der Wettbewerb kennt und schätzt den Klienten

Wenn der Wettbewerb mit Respekt und Anerkennung vom Klienten spricht, erhöht dies ebenfalls die Erfolgswahrscheinlichkeit für den Personalberater. Kandidaten kommen oft aus dem Wettbewerb. Sind sie nicht bei Wettbewerbern, werden sie trotzdem bei ihren Branchenrecherchen die Position des Klienten in dessen Wettbewerbsumfeld herausfinden und im positiven Falle anziehend finden.

Grund 4: Der Klient kennt seine Stärken und Schwächen und spricht offen darüber

Falls die Umwelt den Klienten als eine stabile und verlässliche Organisation wahrnimmt, die sich über ihre Position im Markt klar ist, fällt die Gewinnung von Kandidaten leichter. Wenn der Klient in Gesprächen Schwächen seines Unternehmens darstellt, aber auch Lösungen aufzeigt, an denen er arbeitet, ist dies ein sehr positives Zeichen.

Grund 5: Der Klient verfügt über authentische und sympathische Führungskräfte

Kein Personalberater will den Kandidaten unsympathische, unfreundliche, egozentrische, arrogante oder schlecht erzogene Führungskräfte beim Klienten vorstellen. Personalberater mögen es nicht, den Kandidaten sagen zu müssen: „Ihr zukünftiger Chef ist zwar etwas unsympathisch, aber Sie werden ihn im Laufe der Zeit noch mögen." Personalberater haben gerne Klienten, die mit sozialen Beziehungen geschickt umgehen können und die notwendige Bescheidenheit aufbringen.

Grund 6: Der Klient ist ehrlich, fair und zuverlässig

Ein angenehmer Klient präsentiert dem Kandidaten die Position, wie er sie dem Personalberater präsentiert hat. Er macht die Aufgabe nicht größer oder den Schwierigkeitsgrad kleiner als in der Wirklichkeit. Er enthält dem Kandidaten keine Probleme vor, sei es in wirtschaftlicher oder in persönlicher Hinsicht. Der Klient erscheint pünktlich und angemessen angezogen zum Gespräch mit dem Kandidaten, ganz so, wie der Personalberater ihn kennengelernt hat.

Grund 7: Der Klient denkt langfristig

Wenn der Klient dem Kandidaten eine langfristige Unternehmensstrategie aufzeigen kann, die auch Perspektiven für eine Karriere enthält, hat der den Kandidaten schon weitgehend gewonnen. Dies ist ein wichtiger Teil der Werbung um die Besten, die der Personalberater vorselektiert hat.

Grund 8: Der Klient führt gezielte und gewinnende Interviews mit Kandidaten

Der Klient langweilt die Kandidaten nicht mit Monologen, unwichtigen Details und zu generellen Darstellungen. Er schweift nicht ab und lässt den Kandidaten Raum für eigenes Nachfragen. Seine Fragen bringen neue Erkenntnisse und sind nicht dazu da, einen schlauen Eindruck zu machen.

Grund 9: Der Klient behandelt Menschen angemessen

Potentiellen Mitarbeitern Angst zu machen, ist für den Klienten keine Methode. Kandidaten müssen erkennen, dass der Klient mit gutem Beispiel vorangeht, wenn er viel fordert. Potentielle Mitarbeiter dürfen nicht das Gefühl haben, dass sie später Angst haben müssen, wenn sie die Stimme des Klienten/des Chefs am Telefon hören. Im gesamten Gespräch erzeugt der erfolgreiche Klient ein Gefühl der Entspannung mit konstruktiven, positiven Erwartungen.

Grund 10: Der Klient hat Verständnis für den Personalberater

Der Klient weiß, wie der Personalberater arbeitet und was er für die Klienten zu tun versucht. Er gibt dem Personalberater Zeit für seine Arbeit und hat Geduld. Er weiß auch, dass der Personalberater nicht alles weiß, was er selbst weiß und deshalb den Kandidaten auch nicht umfassend informieren kann. Ihm ist bekannt, dass der Personalberater die Entscheidung des Klienten vorbereitet, indem er die besten Kandidaten präsentiert, der Klient selbst aber die Entscheidung treffen muss.

Dem Klienten ist auch bekannt, dass er jederzeit vorgeschlagene Kandidaten ablehnen kann, er dies aber argumentativ begründen sollte, damit der Personalberater schnell daraus lernen kann.

Grund 11: Der Klient hilft dem Personalberater als Referenz

Frühere Klienten sind für den Personalberater eine wertvolle Hilfe bei seiner Akquisition. Zufriedene Klienten stehen dem Personalberater deshalb gerne als Referenz zur Verfügung. Sie helfen dem Personalberater auch, wenn dieser nach Kandidaten-Tipps fragt, sofern weder das eigene Unternehmen noch andere Interessen betroffen sind.

Grund 12: Der Klient hält Kontakt zum Personalberater über das Projekt hinaus und gibt Folgeaufträge

Auch wenn der Klient nicht alle paar Wochen einen Auftrag erteilen kann, hält er Kontakt zum Personalberater. Hat er die Chance einen Auftrag zu erteilen, der zum Personalberater passt, gibt er ihn gerne an ihn.

Auch im persönlichen Interesse hält der Klient den Kontakt, denn es gibt immer die Möglichkeit, dass der Klient zum Kandidaten wird oder werden möchte.

Mitglieder des AESC (Stand 08/2013)

Armrop Delta Fasanenstraße 77 10623 Berlin www.amrop.de Telefon: 0049 – (0)30 – 318 65 50	Board Consultants International – Dr. Jürgen B. Mülder Unternehmensberatung Kleinzschachwitzer Ufer 30 01259 Dresden www.board-consultants.eu Telefon: 0049 – (0)351 – 207 59 06
Armrop Delta Theresienstraße 29 01097 Dresden www.amrop.de Telefon:0049 – (0)351 – 807 390	Board Consultants International – Dr. Florian Schilling Unternehmensberatung Goethestraße 18 60313 Frankfurt am Main www.board-consultants.eu Telefon: 0049 – (0)69 – 24 75 05 – 0
Armrop Delta Oststraße 54/56 40211 Düsseldorf www.amrop.de Telefon: 0049 – (0)211 – 17 92 490	Board Consultants International – Dr. Florian Schilling Unternehmensberatung
Armrop Delta Lyoner Straße 15 60528 Frankfurt www.amrop.de Telefon: 0049 – (0)69 – 66 98 280	Board Consultants International – Dr. Unger GmbH Bethmannstraße 56 60311 Frankfurt am Main www.board-consultants.eu Telefon: 0049 – (0)69 – 92 10 180 – 0

R. Dahlems, *Personalberater erfolgreich auswählen und führen*,
DOI 10.1007/978-3-658-03418-4_11, © Springer Fachmedien Wiesbaden 2014

Armrop Delta
Rothenbaumchaussee 76
20148 Hamburg
www.amrop.de
Telefon: 0049 – (0)40 – 41 32 350

Board Consultants International –
Dr. Peter Diesch GmbH
Neuer Wall 84
20354 Hamburg
www.board-consultants.eu
Telefon: 0049 – (0)40 – 360 98 540

Armrop Delta
Wilhelm-Wagenfeld-Straße 26
80807 München
www.amrop.de
Telefon: 0049 – (0)89 – 76 70 710

Board Consultants International –
Bauernfeind GmbH
Karolinenstraße 4
80538 München
www.board-consultants.eu
Telefon: 0049 – (0)89 – 23 70 88 – 0

Becker Management Consulting
GmbH/AltoPartners
Hohenzollerndamm 187
10713 Berlin
www.altopartners.de
Telefon: 0049 – (0)30 – 885 618 – 0

Board Consultants International –
Dr. Sendele & Company GmbH
Nördliche Münchener Straße 16
82031 Grünwald
www.board-consultants.eu
Telefon: 0049 – (0)89 – 6 38 91 – 0

Becker Management Consulting
GmbH/AltoPartners
Lessingstraße 8
60325 Frankfurt
www.altopartners.de
Telefon: 0049 – (0)69 – 970 914 – 0

Board Consultants International –
Arlt-Palmer & Werner GmbH
Robert-Bosch-Straße 45
70192 Stuttgart
www.board-consultants.eu
Telefon: 0049 – (0)711 – 28 44 13 30

Becker Management Consulting
GmbH/AltoPartners
Lindenstraße 12a
81545 München
www.altopartners.de
Telefon: 0049 – (0)89 – 215 50 30 – 0

Boyden
Ferdinandstraße 6
61348 Bad Homburg
www.boyden.com
Telefon: 0049 – (0)61 72 –18 02 00

Boyden
Kleine Vertikale
Rathausplatz 12
61348 Bad Homburg
www.boyden.com
Telefon: 0049 – (0)61 72 – 18 02 00

Heidrick & Struggles
Kepplerstraße 20
81679 München
www.heidrick.com
Telefon: 0049 – (0)89 – 998 110

Boyden
Mauerstraße 22
10117 Berlin
www.boyden.com
Telefon: 0049 – (0)30 – 88 926 40

Hofmann Consultants GmbH Executive Search
The Squaire 15 – Am Flughafen
60549 Frankfurt
www.hofmann-consultants.com
Telefon: 0049 – (0)69 – 36 50 50 0

Boyden
Media Tower
Holzstraße 2
40221 Düsseldorf
www.boyden.com
Telefon: 0049 – (0)211 – 52 28 989 71

Jack Russel Consulting GmbH
Perusastraße 2
80333 München
www.jack-russel-consulting.de
Telefon: 0049 – (0)89 – 24 21 96 – 0

Boyden
Brienner Straße 11
80333 München
www.boyden.com
Telefon: 0049 – (0)89 – 858 369 90

CTPartners
An der Welle 4
60322 Frankfurt
www.ctnet.com
Telefon: 0049 – (0)69 – 7593 7800

eg.1
Kastor & Pollux
Platz der Einheit 1
60327 Frankfurt
www.eg1.co.uk
Telefon: 0049 – (0)69 – 975 034 68

Eric Salmon & Partners
Hochstraße 49
60313 Frankfurt
www.ericsalmon.com
Telefon: 0049 – (0)69 – 242 99 10

Heidrick & Struggles
Sky Office
Kennedydamm 24
40476 Düsseldorf
www.heidrick.com
Telefon: 0049 – (0)211 – 82 82 0

Heidrick & Struggles
Torhaus Westhafen
Speicherstraße 57–59
60327 Frankfurt
www.heidrick.com
Telefon: 0049 – (0)69 – 69 700 20

Heidrick & Struggles
AB „Galleria"
Große Bleichen 21
20354 Hamburg
www.heidrick.com
Telefon: 0049 – (0)40 – 340 57 70

LAB & Company
Isartorplatz 1
80331 München
www.labcompany.net
Telefon: 0049 – (0)89 – 457 09 78 0

Jack Russel Consulting
Becker Management Consulting GmbH
Hohenzollerndamm 187
10713 Berlin
www.jack-russel-consulting.de
Telefon: 0049 – (0)30 – 88 56 18 0

Jack Russel Consulting GmbH
Office Düsseldorf
Am Wiesengrund 15
47447 Moers
www.jack-russel-consulting.de
Telefon: 0049 – (0)28 41 – 88 55 56

Jack Russel Consulting GmbH
Immermannstraße 3
30177 Hannover
www.jack-russel-consulting.de
Telefon: 0049 – (0)511 – 69 60 696

Jack Russel Consulting GmbH
Dr. Jacobs Personalberatung
Lessingstraße 8
60325 Frankfurt/Main
www.jack-russel-consulting.de
Telefon: 0049 – (0)69 – 970 914 0

Kincannon & Reed
Talstraße 20
23701 Suesel
www.krsearch.com
Telefon: 0049 – (0)171 – 54 66 777

Korn/Ferry International
Feuerbachstraße 26–32
60325 Frankfurt
www.kornferry.com
Telefon: 0049 – (0)69 – 71 67 00

LAB & Company GmbH/Penrhyn
International
Steinstraße 4
40212 Düsseldorf
www.labcompany.net
Telefon: 0049 – (0)211 – 159 799

Signium International
Spichernstraße 75
50672 Köln
www.signium.de
Telefon: 0049 – (0)221 – 789 533 30

Nedelcu & Company/Leading Edge Executives
Pienzenauerstraße 12a
81679 München
www.nedelcu.com
Telefon: 0049 – (0)89 – 997 288 0

Signium International
Promenadeplatz 10
80333 München
www.signium.de
Telefon: 0049 – (0)89 – 927 96 180

Odgers Berndtson
Olof-Palme-Straße 15
60439 Frankfurt
www.odgersberndtson.com
Telefon: 0049 – (0)69 – 957 770 1

Spencer Stuart
Schaumannkai 69
60596 Frankfurt
www.spencerstuart.com
Telefon: 0049 – (0)69 – 61 09 27 – 0

Odgers Berndtson
Domstraße 17 – Zürichhaus
20095 Hamburg
www.odgersberndtson.com
Telefon: 0049 – (0)40 – 219 981 0

Spencer Stuart
Leopoldstraße 11 B
80802 München
www.spencerstuart.com
Telefon: 0049 – (0)89 – 45 55 53 0

Odgers Berndtson
Amiraplatz 3 – Luitpoldblock
80333 München
www.odgersberndtson.com
Telefon: 0049 – (0)89 – 124 751 0

Stanton Chase
Emanuel-Leutze-Str. 17
40547 Düsseldorf
www.stantonchase.com
Telefon: 0049 – (0)211 – 95 49 80

Parodi & Associates
Königsallee 24
40212 Düsseldorf
www.parodi-duesseldorf.de
Telefon: 0049 – (0)211 – 550 44 30

Stanton Chase
Kaiser-Friedrich-Promenade 27/29
61348 Bad Homburg v.d.H.
www.stantonchase.com
Telefon: 0049 – (0)61 72 – 600 30

Russel Reynolds Associates
OpernTurm
60306 Frankfurt am Main
www.russelreynolds.com
Telefon: 0049 – (0)69–75 60 90 0

Stanton Chase
Neuer Wall 80, Bornhold Haus
20354 Hamburg
www.stantonchase.com
Telefon: 0049 – (0)40 – 822 138 245/246

Russel Reynolds Associates
Stadthausbrücke 1–3/Fleethof
20355 Hamburg
www.russelreynolds.com
Telefon: 0049 – (0)40 – 48 06 61 0

Stanton Chase
Augustenstraße 44
70178 Stuttgart
www.stantonchase.com
Telefon: 0049 – (0)711–577 699 0

Russel Reynolds Associates
Maximilianstraße 12–14
80539 München
www.russelreynolds.com
Telefon: 0049 – (0)89 – 24 89 81 3

Transearch
Königsallee 61
40215 Düsseldorf
www.transearch.de
Telefon: 0049 – (0)211–82 85 450

Signium International
Königsallee 63–65
40215 Düsseldorf
www.signium.de
Telefon: 0049 – (0)211 – 933 791 0

Transearch
Wilhelm-Leuschner-Str. 29
60329 Frankfurt
www.transearch.de
Telefon: 0049 – (0)69 – 95 50 140

Signium International	Transearch
Hochstraße 31	Ismaninger Straße 115
60313 Frankfurt a. M.	81675 München
www.signium.de	www.transearch.de
Telefon: 0049 – (0)69 – 219 38 98 0	Telefon: 0049 – (0)89 – 99 88 57 00
	Transearch
	Zettachring 2
	70567 Stuttgart
	www.transearch.de
	Telefon: 0049 – (0)711 – 64 54 20

Die wichtigsten Personalberater in Deutschland (Abb. 11.1)

Tab. 11.1 Die wichtigsten Personalberater in Deutschland. (Quelle: eigene Darstellung, Angaben aus der *Wirtschaftswoche* 41/2010 (aktualisiert 09/2013))

Name	Beratungshaus	Fokus des Beraters	Mindestgehalt in Euro
Die Generalisten			
Dieter Rickert	*Rickert & Fulghum*	Generalist	Ab 500.000
Hermann Sendele	*Board Consultants*	Generalist	Ab 500.000
Heiner Thorborg	*Heiner Thorborg*	Generalist	Ab 500.000
Auto			
Ulrich Ackermann	*Transearch*	Auto/IT/Konsumgüter/Handel	Ab 300.000
Rolf Beckers	*Spencer Stuart*	Auto/produzierende Industrie/Private Equity/Maschinenbau	k. A.
Wolfgang Doell	*Gain Management Advisors*	Auto	Ab 100.000
Matthias Herkner	*Heads!*	Auto	Ab 180.000
Boris Jary	*Russell Reynolds*	Auto/produzierende Industrie	k. A.
Heiner Fischer	*Herbold Fischer*	Auto	k. A.
Walter Friedrichs	*Russel Reynolds*	Auto/produzierende Industrie	k. A.
Richard Fudickar	*Boyden*	Auto/Konsumgüter/prof. Dienstleistungen	Ab 120.000
John Nedelcu	*Nedelcu & Company*	Auto/produzierende Industrie	Ab 400.000
Kati Najipoor-Schütte	*Egon Zehnder*	k.A.	k.A.

Tab. 11.1 (Forsetzung)

Name	Beratungshaus	Fokus des Beraters	Mindestgehalt in Euro
Energie/Versorger			
Klaus Aden	*Lachner Aden Beyer & Company*	Energieversorger/Komunal-wirtschaft	Ab 100.000
Claus-Peter Barfeld	*Barfeld & Partner*	Energie/Petrochemie/Chemie	Ab 120.000
Kasra Derakhshan	*Gemini Executive Search*	Kraftwerke/Öl&Gas/erneuerbare Energien	Ab 150.000
Thorsten Gerhard	*Egon Zehnder*	k. A.	k. A.
Jürgen Siebert	*Kienbaum*	Energieversorger/Kommunal-wirtschaft	Ab 100.000
Bernd-Georg Spies	*Russel Reynolds*	Energieversorger/öffentlicher Sektor/Industrie	k. A.
Thomas Tomkos	*Russel Reynolds*	Energieversorger/erneuerbare Energien/Luft- u. Raumfahrt	k. A.
Dieter Unterharnscheidt	*Spencer Stuart*	Produzierende Industrie	k. A.
Finanzdienstleistungen			
Yvonne Beiertz	*Spencer Stuart*	Asset Management/Banken/Vermögensverwaltung/Versiche-rungen	k. A.
Klaus Ewerth	*Civitas International*	Banken/IT/Medien	Ab 150.000
Christian Groh	*Korn/Ferry*	Investmentbanking/Kapitalmarkt	Ab 150.000
Andreas Halin	*Global Mind*	Investmentbanking/Kapitalmarkt/Corporate Finance	Ab 250.000
Reiner Hoock	*Civitas International*	Finanzdienstleistungen/Consulting	Ab 150.000
Rolf Jacoby	*ifp*	Banken/(Bau)-Sparkassen	Ab 100.000
Jörg Janke	*Egon Zehnder*	k. A.	k. A.
Tiemo Kracht	*Kienbaum*	Finanzdienstleistungen	Ab 150.000
Christoph Netta	*Heads!*	Versicherungen	Ab 180.000
Kajus Rottok	*Kajus Rottok GmbH*	Corporate Finance/Investment Banking/Private Equity	Ab 150.000
Matthias Scheiff	*Spencer Stuart*	(Investment-)Banken/Asset Management/Private Equity	k. A.
Nicola Sievers	*Inner Circle Consultants*	Banken/Versicherungen/Private Equity	Ab 350.000
Rolf Stokburger	*Boyden*	Banken/Finanzinstitute	Ab 120.000
Mark Unger	*Board Consultants*	Finanzdienstleistungen	k. A.
Jürgen Vanselow	*Egon Zehnder*	Private Equity	k. A.
Jörg Will	*ifp*	Versicherungen	Ab 100.000
Tim Zühlke	*Indigo Headhunters*	Kapitalmarkt/Corporate Finance	Ab 120.000

Tab. 11.1 (Forsetzung)

Name	Beratungshaus	Fokus des Beraters	Mindestgehalt in Euro
Healthcare/Life Sciences			
Alin Adomeit	*Egon Zehnder*	k. A.	k. A.
Hendrik Balonier	*PPV AG*	Healthcare/Pharma	Ab 100.000
Reinhard Bergauer	*PP Pharma Planing*	Pharma/Medizintechnik/Biotech/ Diagnostik	Ab 45.000
Hubert Lindenblatt	*Odgers Berndtson*	Pharma/Biotech/Medizintechnik/ Chemie	Ab 150.000
Günter Rasten	*PMC International*	Pharma/Healthcare	Ab 120.000
Claudia Schütz	*Spencer Stuart*	Healthcare/Life Sciences	k. A.
Christine Stimpel	*Heidrick & Struggles*	Life Sciences	Ab 160.000
Achim Strueven	*Heidrick & Struggles*	Pharma	Ab 160.000
Ulrich Thess	*Civitas International*	Healthcare/Life Sciences	Ab 150.000
Dirk Wilken	*Mediatum*	Pharma/Medizintechnik/Biotech/ Diagnostik	Ab 120.000
Industrie			
Rolf Dahlems	*Signium International*	Produzierende Industrie/ Maschinen- und Anlagenbau	Ab 120.000
Thomas Deininger	*Deininger*	Investitionsgüterindustrie/ Banken	Ab 120.000
Hubertus Douglas	*Korn/Ferry*	Industrie/Luftfahrt/Verteidigung/ Mittelstand	Ab 150.000
Stefan Fischhuber	*Kienbaum*	Produzierende Industrie/Private Equity	Ab 150.000
Steffen Gräff	*Korn/Ferry*	Konsumgüter/Industrie	Ab 150.000
Werner Penk	*Korn/Ferry*	Technologie	Ab 160.000
Gabriele Röhrl	*Egon Zehnder*	k. A.	k. A.
Gert Schmidt	*Signium International*	Produzierende Industrie/Auto	Ab 120.000
Werner Schwab	*Boyden*	Gesundheitswesen/Biotech/ Technologie	Ab 120.000
Konsumgüter/Handel			
Jacqueline Bauernfeind	*Board Consultants*	Mode/Lifestyle/Luxus/Konsum- güter/Handel	Ab 300.000
Frank Birkel	*Spencer Stuart*	Konsumgüter/Handel/Medien/ Private Equity	k. A.
Oliver Dange	*Korn/Ferry*	Fast Moving Consumer Goods/ Marketing/Vertrieb	Ab 160.000
Andreas Gräf	*Egon Zehnder*	k. A.	k. A.
Dieter Hofmann	*Hofmann Consultants*	Konsumgüter/Handel	Ab 100.000

Tab. 11.1 (Forsetzung)

Name	Beratungshaus	Fokus des Beraters	Mindestgehalt in Euro
Ann Frances Kelly	*Signium International*	Konsumgüter/Handel/Erneuerbare Energien	Ab 100.000
Christoph Kleinen	*Heidrick & Struggles*	Konsumgüter/Handel/Mode/Luxus	Ab 150.000
Raoul Nacke	*Eric Salmon*	Konsumgüter/Handel/Private Equity	Ab 120.000
Willi Schoppen	*Spencer Stuart*	Konsumgüter/Handel/produzierende Industrie	Ab 250.000
Ulrike Wieduwilt	*Russel Reynolds*	Konsumgüter (FMCG)/Handel	k. A.
Logistik/Transport			
Wulf Dehn	*Egon Zehnder*	k. A.	k. A.
Theo Kowalski	*Conas Management*	Branchenübergreifend Supply Chain Management	Ab 70.000
Roman Müller-Albrecht	*Gemini Executive Search*	Branchenübergreifend Supply Chain Management	Ab 150.000
Elmar Zitz	*Hertzog & Partner*	Logistik/Transport/Supply Chain Management	Ab 80.000
Medien/Internet/E-Business			
Stephan Buchner	*Egon Zehnder*	k. A.	k. A.
Dwight Cribb	*Dwight Cribb*	Online/neue Medien/E-Business	Ab 65.000
Mathias Hiebeler	*Heads!*	Telekommunikation/Medien/IT	Ab 180.000
Christian Hirsch	*Civitas International*	Print/Internet/Hörfunk/E-Business	Ab 120.000
Stefan Koop	*Amrop Delta*	Medien/Internet/E-Business/Konsumgüter (FMCG)	Ab 100.000
Ewald Manz	*Odgers Berndtson*	Medien/Unterhaltung/TV/Sport	Ab 150.000
Gert Stürzebecher	*CT Partners*	Medien/Kommunikation/Konsumgüter	Ab 120.000
Andreas Werb	*Werb Executive Consulting*	E-Business/Neue Medien/ High Tech	k. A.
Unternehmensberatung/Wirtschaftsprüfung/Steuerberatung			
Frank Höselbarth	*People + brand agency*	Unternehmensberatung/Bildung	Ab 100.000
Jörg Kasten	*Boyden*	Technologie/prof. Dienstleistungen	Ab 120.000
Udo Maier	*Gemini Executive Search*	Management und IT-Beratungen/Wirtschaftsprüfung	Ab 150.000
Michael Proft	*Odgers Berndtson*	Unternehmensberatung/Wirtschaftsprüfung	Ab 150.000

Tab. 11.1 (Forsetzung)

Name	Beratungshaus	Fokus des Beraters	Mindestgehalt in Euro
Susanne Scherp-Keresztes	*Amrop-Delta*	Unternehmensberatung/Wirtschaftsprüfung/Konsumgüter	Ab 100.000
Joachim Staude	*PMCI International*	Unternehmens-/Steuerberatung/ Wirtschaftsprüfung	Ab 80.000
Christoph Wahl	*Egon Zehnder*	k. A.	k. A.
Hellmuth Wolf	*Signium International*	Wirtschaftsprüfung/Steuerberatung/Anwaltssozietäten	Ab 100.000
Wolfgang Zillessen	*Spencer Stuart*	Chemie/prof. Dienstleistungen	k. A.
Technologie und Kommunikation			
Thomas Becker	*Russel Reynolds*	IT/Technologie/Telekommunikation	k. A.
Katja Hollaender-Herr	*Odgers Berndtson*	IT/Telekommunikation	Ab 150.000
Sörge Drosten	*Kienbaum*	IT/Telekommunikation/E-Business	Ab 100.000
Sven Michaelis	*Egon Zehnder*	k. A.	k. A.
Christiane Sauer	*Korn/Ferry*	IT/High Tech/Telekommunikation/Software/IT-Beratung	Ab 150.000
Manfred Schanz	*Amrop Delta*	IT/Telekommunikation	Ab 100.000
Ulrich Schumann	*Boyden*	Industrie/Technologie	Ab 120.000
Alexander Strahl	*Spencer Stuart*	IT/Technologie/ Telekommunikation	k. A.
Lutz Tilker	*Spencer Stuart*	IT/Technologie/ Telekommunikation	k. A.

Glossar: Begriffe der Personalberatung

Ansprache	Anruf des Research Consultants oder des Personalberaters beim Kandidaten zur Kontaktaufnahme. Manchmal direkt die Gelegenheit, die zu besetzende Position dem Kandidaten vorzustellen.
Appraisal	Siehe Management Audit
Back-up	Vom Personalberater zurückgehaltene Kandidaten, die er für geeignet hält und ins Rennen schickt, falls die von ihm favorisierten (besseren) Kandidaten scheitern. Siehe aus „Pipeline"
Billing	Honorar
Billing Procedure	Aufteilung des Honorars des Personalberaters über die Laufzeit des Suchprozesses
Black List/Schutzliste	Siehe off-limits
Briefing	Informationsaustausch zwischen Klient und Personalberater und (manchmal) Research Consultant zu Beginn einer Suche, um die Position im Vorfeld zu diskutieren
By-Completion	Bei einem systematischen Suchprozess gefundener Manager, der für eine andere Position beim Klienten geeignet ist und auch vom Klienten eingestellt wird.
Cancellation	Beendigung einer Suche während der Laufzeit
Client Prospect	Firma, die der Personalberater als interessanten potenziellen Klienten ins Auge gefasst hat
Cold-Call	Erstanruf eines Personalberaters bei einem potenziellen Auftraggeber oder bei einem Kandidaten ohne schriftliche oder andere Vorbereitung
Completion	Abschluss der Suche durch Vertragsunterschrift des eingestellten Kandidaten
Cover Story	Von Research Consultants und Identern frei erfundene Geschichte, die vor allem dazu dient, Namen bestimmter Aufgabenträger zu identifizieren

R. Dahlems, *Personalberater erfolgreich auswählen und führen*,
DOI 10.1007/978-3-658-03418-4, © Springer Fachmedien Wiesbaden 2014

CV	Curriculum Vitae = Lebenslauf
De-Briefing	Rückkopplung der Kandidaten-Aussagen an den Klienten nach dem Klienten-Interview
Deferred Compensation	Einkommen, das aus steuerlichen Gründen in eine spätere Lebensperiode verschoben wird
Desk Research	Erste Phase des Researchs, bei der eigene Datenbanken, computerzugängliche Datenbanken, Social Media etc. ausgewertet werden
Direktansprache/ Executive Search	Die systematische Identifikation, Ansprache, Beurteilung, Motivation und Auswahl von Kandidaten für eine definierte Position. Kandidaten werden durch einen direkten Kontakt per Telefon angesprochen
Dummy	Ein von unprofessionellen Personalberatern dem Klienten vorgestellter Kandidat, der den Anforderung/Qualifikationen nicht ausreichend entspricht und lediglich der Erweiterung der Präsentationsrunde dient.
Expenses	Vom Klienten neben dem vereinbarten Honorar zu erstattende Auslagen, wie Reisekosten, Telefon, Spesen etc.
Exposé	Siehe Positionsprofil
Fee	Siehe Billing
Feedback	Schriftliche oder verbale Information des Personalberaters an Klienten und Kandidaten über die Ergebnisse von Gesprächen
Fringe Benefit	Zusatzleistungen an einen Manager (zum Beispiel Firmenwagen, Altersversorgung)
Global Players	Weltweit mit einem Netzwerk agierende Unternehmen
Headhunting	Siehe Executive Search
High Potential	Kandidat (meist jünger), der über erhebliches, weiteres Entwicklungspotenzial für höhere Managementaufgaben verfügt
Honorar	Siehe Fee/Billing
Identifikation	Telefonisch durchgeführte Feststellung der Namen bestimmter Aufgabenträger
Identer	Mitarbeiter (meist teilzeitbeschäftigter Student), der bestimmte Aufgabenträger im Ziel-Unternehmen namentlich identifiziert
Job Seeker	Kandidat, der eine Initiativ-Bewerbung an den Personalberater richtet, da er Wechselabsichten hat
Kaltakquise	Versuch, ein Unternehmen als Klient zu gewinnen, ohne vorab einen persönlichen Kontakt zu einem der leitenden Manager zu haben
Legende	Siehe Cover Story

Long List	Liste der identifizierten und sonstigen überhaupt infrage kommenden Personen für die Besetzung einer Position
Management Audit	Systematische Erfassung, Analyse und Beurteilung der Kompetenzen und des tatsächlichen Verhaltens einzelner Führungskräfte sowie des gesamten Führungsteams eines Unternehmens (-bereiches) unter Berücksichtigung der zukünftigen Anforderungen im strategischen und kulturellen Unternehmenskontext. Grundlage für Managerment Audits sind Interviews und Referenzprüfungen, die von externen Experten durchgeführt und in Gutachten dokumentiert werden
Name Dropping	Gezielte, namentliche Erwähnung bedeutender Personen zur Selbstprofilierung
No-Touch-Liste	Siehe off-limits
Office Manager	Leiter des Büros einer Personalberatungsgesellschaft, in der Regel ein Partner
Off-Limits	Firmen, die zu den Klienten des Personalberaters gehören, und bei denen deshalb nicht rekrutiert werden darf
Out-of-Billings	Die weitere Suche des Personalberaters nach dem Zeitraum, in dem das Honorar in Rechnung gestellt wurde, falls eine komplett erfolgsunabhängige Honorierung vereinbart wurde
Out-of-pocket Expenses	Siehe Expenses
Out-Zeichen	Vermerk des Personalberaters über eine Person, die endgültig durchfällt (auch C-Candidate genannt)
Pipeline	Siehe Back-up
Placement	Ein Kandidat, den der Personalberater erfolgreich platziert hat
Positionsprofil	Beschreibung des Klienten (anonym), der zu besetzenden Position und des „idealen" Kandidaten
Präsentation	Vorstellung der vom Personalberater ausgesuchten Kandidaten beim Klienten, in der Regel im Beisein des Personalberaters
Progress Report	Darstellung des Projektstandes (schriftlich oder verbal) gegenüber dem Klienten
Proposal	Schriftliches Angebot des Personalberaters inkl. Konditionen
Principal	Senior-Berater mit eigenen Akquisitionsaufgaben
Quelle	Menschen, die sich mit einer bestimmten Szene, Industrie, Branche auskennen und die der Personalberater befragt
Repeat Client	Klient, der zum wiederholten Male mit dem Personalberater zusammen arbeitet

Research	Systematische Marktuntersuchung im Führungskräftebereich
Schutzliste	Siehe off-limits
Search	Suche nach Kandidaten
Short-List	Kurz gefasste Lebensläufe von Kandidaten, die der Personalberater in die engere Wahl gezogen hat
Shoot-out	Mehrere Personalberater präsentieren sich und ihr Unternehmen vor dem Klienten
Side-Step	Wechsel eines Kandidaten auf gleichem Niveau, wird meist negativ beurteilt (vom Kandidaten)
Source	Siehe Quelle
Sourcing	Interviews (meist telefonisch) mit den als Quelle identifizierten Personen
Spezifikation	Siehe Positionsprofil
Status Report	Siehe Progress Report
Target Group	Beschreibung des Suchfeldes (Branchen, Hierarchieebenen, Funktionen und konkrete Unternehmen)
Termination	Siehe Cancellation
Upward adjustment	Anpassung der Honorars des Personalberaters an ein höher als ursprünglich erwartetes Einkommen des Kandidaten (Basis für die Kalkulation des Honorars ist in der Regel ein Drittel des Jahreseinkommens), falls eine entsprechende Regelung vereinbart wurde
Vakanz	Offene Managerposition, für die der Personalberater Kandidaten sucht
Zielgruppe	Siehe Target Group
Zielgruppenliste	Auflistung der Unternehmen, die auf geeignete Kandidaten untersucht werden sollen

The manufacturer's authorised representative in the EU is Springer
Nature Customer Service Centre GmbH, Europaplatz 3, 69115 Heidelberg,
Germany. If you have any concerns regarding our products, please
contact ProductSafety@springernature.com

Printed and bound by CPI Group (UK) Ltd, Croydon, CR0 4YY
23/04/2026
02095637-0004